PORSCHE

ALESSANDRO SANNIA

PORSCHE

TECTUM
PUBLISHERS

PORSCHE

Textes / *Texts*: Alessandro Sannia
Crédit photographique / *Photographic contributions*: Collezione Alessandro Sannia; Dr. Ing. h.c. F. Porsche AG
Traduction en français / *Translation into French*: Carole Touati
Traduction en anglais / *Translation into English*: Julian Thomas

Édition français-anglais / *French-English edition:*
© 2010 Tectum Publishers
Godefriduskaai 22
2000 Antwerp
Belgium
info@tectum.be
+ 32 3 226 66 73
www.tectum.be

ISBN: 978-90-79761-52-4
WD: 2010/9021/28
(117)
2ième impression / 2nd *print run*

Édition originale / *Original edition:*
© 2008 **Edizioni Gribaudo srl**
Via Natale Battaglia, 12
12027 Milano
e-mail: info@gribaudo.it
www.edizionigribaudo.it

Imprimé en / *Printed in:* China

Tous les droits sont réservés, en Italie comme à l'étranger. Aucune partie de cet ouvrage ne doit être reproduite, stockée ou transférée par quels que moyens que ce soit (photomécanique, photocopie, électronique ou chimique, sur disque ou tout autre support, y compris en passant par le cinéma, la radio ou la télévision) sans l'autorisation écrite préalable de l'éditeur. Toute reproduction non autorisée pourra faire l'objet de poursuites judiciaires.
All rights are reserved, in Italy and abroad, for all countries. No part of this book may be reproduced, stored, or transmitted by any means or in any form (photomechanically, as photocopy, electronically, chemically, on disc or in any other way, including through cinema, radio or television) without the prior written authorisation of the Publisher. Legal proceedings will be taken in any case of unauthorised reproduction.

Sommaire
Contents

356	Les origines *The Origins*	7
911 - 912	La grande classique *A Porsche classic*	29
914 - 916	Mi-Volkswagen, mi-Porsche *Half-Volkswagen, half-Porsche*	85
924 - 944 - 968	L'ère de la Transaxle *The Transaxle Era*	93
928	Le succès du moteur V8 *The appeal of the V8 engine*	111
959	Au-dessus de tout *Over the top*	121
Boxster - Cayman	Petites et féroces *Bad to the bone*	131
Cayenne	À contre-courant *Against the grain*	147
Carrera GT	La reine *The King*	161
Panamera	Deux portes de plus *Two extra doors*	173

356

Les Origines
The Origins

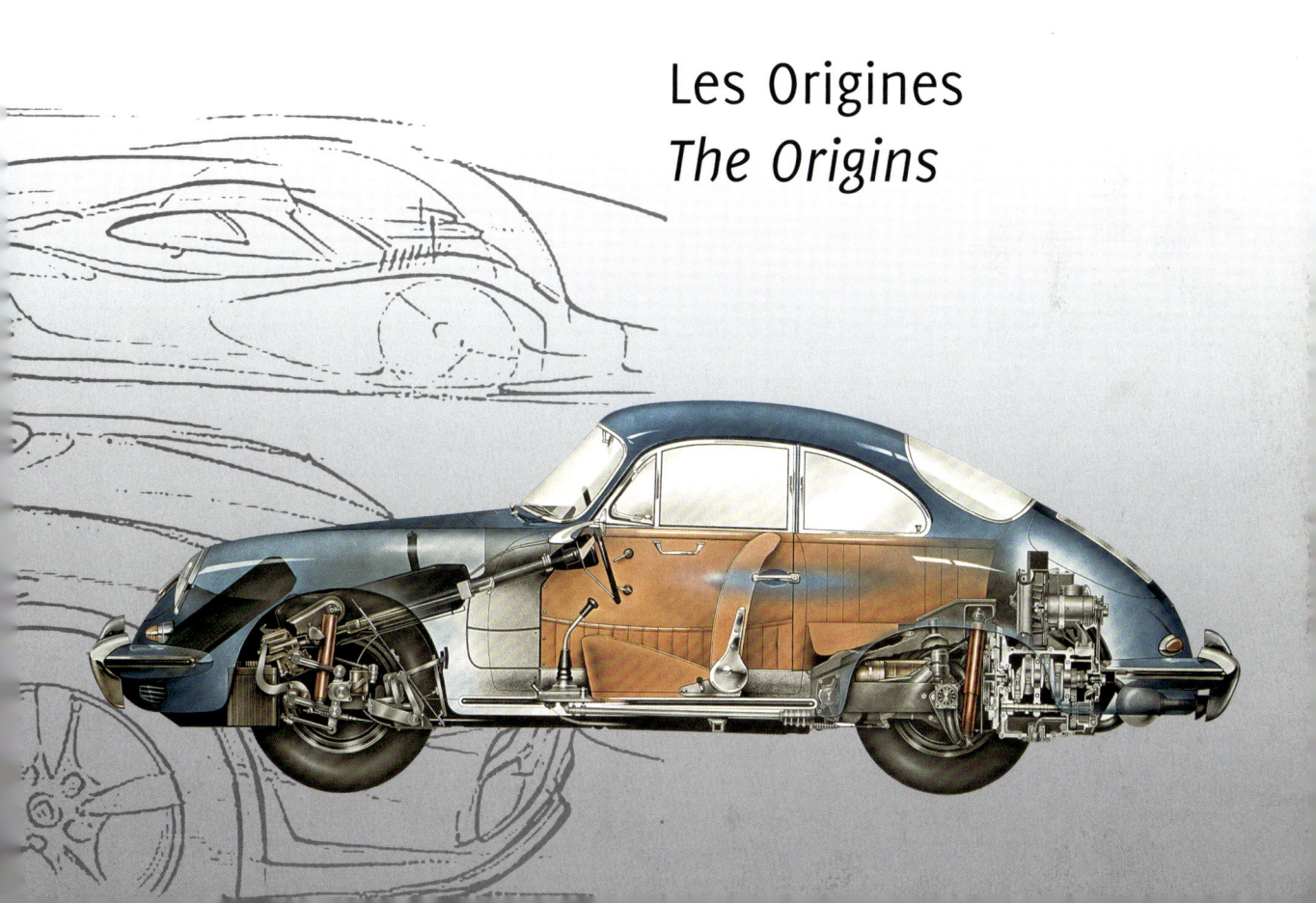

L'histoire de la Porsche remonte bien avant qu'elle ne soit connue du grand public. C'est en 1931 que l'Autrichien Ferdinand Porsche monta un bureau de consulting en conception de véhicules à moteur à Stuttgart appelé « Dr. Ing. h. c. F. Porsche GmbH ». Ferdinand Porsche était une personne très éclectique, fascinée par les moteurs et la mécanique qui avait toujours rêvé de construire une voiture. D'origine austro-hongroise, il naquit le 3 septembre 1875 à Maffersdorf, (une ville de Bohème aujourd'hui appelée Bratislava, en République tchèque). Fraîchement diplômé, il commença à travailler dans une compagnie électrotechnique à Vienne et dessina peu de temps après sa première application de moteur électrique pour automobile en l'installant directement sur les roues. Plus tard, il réussit à résoudre le problème de faible autonomie en ajoutant un moteur à essence en guise de générateur de courant, devançant de près d'un siècle les voitures hybrides d'aujourd'hui. L'application de cette idée sur un tracteur d'artillerie lui valut le titre de docteur ingénieur honoraire en 1917, qui lui fut octroyé par l'Empereur Franz Josef pour sa contribution à l'effort de guerre. À la fin de la Première guerre mondiale, il essaya de construire une voiture à son propre compte, convaincu que l'automobile ne pourrait devenir un produit de masse que si elle était relativement simple et économique. Financé par le comte Sascha Kolowrat, il produisit plusieurs voitures de sport d'un litre de cylin-

The history of Porsche automobiles goes back much farther than the period in which the firm has been known to the general public. 1931 was the year in which the Austro-Hungarian engineer Ferdinand Porsche started a motor vehicle development work and consulting company called "Dr. Ing. h. c. F. Porsche GmbH" in Stuttgart.

Ferdinand Porsche was a very eclectic person, fascinated by engines and all things engineering and he had always dreamt about building cars. He was born on September 3rd 1875 in Maffersdorf in Bohemia (today called Vratislavice, Czech Republic) and was of Austro-Hungarian origin. When he turned 18, he started to work in an electrical company in Vienna and shortly after designed the electric hub motor. Later on he helped solve the problem of scarce range by adding an internal combustion engine to the current generator, thus predating by almost a century the layout of current hybrid vehicles.

The application of this idea to an artillery traction engine earned him an honorary doctorate degree in engineering in 1917, which was given to him by the Emperor Franz Josef for his contribution to the war effort.

Once the First World War was over, he tried to build cars on his own, convinced that the automobile would become mass production only if it had a relatively simple and cheap design. Financed by Count Sascha Kolowrat, he produced several sporty voiturettes called

Ferry Porsche, devant le portrait de son père Ferdinand. C'est lui qui eut l'idée de construire une voiture de sport basée sur le modèle d'une automobile de masse comme la Coccinelle. Sur la page précédente, avec le premier prototype Porsche.

Ferry Porsche, photographed here in front of a portrait of his father Ferdinand. His was the idea to build a sports car based on a mass production model like the Volkswagen Beetle: on the previous page, with the first Porsche prototype.

11

drée appelées « Sascha », mais elles ne parviennent pas à percer sur un marché qui n'était pas assez mûr.

Il commença à travailler chez Austro-Daimler en 1906, en 1923 il rejoignit Mercedes-Benz, puis en 1929, Streyr. L'étape suivante le conduisit à créer son propre bureau de conseil, en Allemagne, à Stuttgart. C'est ainsi que Porsche vit le jour, même si initialement l'entreprise se consacrait à la conception automobile et non pas à la production.

Porsche cultivait cette idée de voiture « minimale » et cherchait à convaincre des clients potentiels de financer son projet. En 1931, Zündapp, un grand constructeur de motos, confia au bureau Porsche l'étude d'une « voiture populaire » ; Porsche inventa alors un ingénieux moteur cinq cylindres en forme d'étoile, monté derrière le siège du conducteur, mais le projet ne se matérialisa pas.

L'année suivante, NSU, autre constructeur de motocycles, passa à peu près la même commande et Porsche créa alors la Typ 32, avec moteur boxer quatre cylindres monté à l'arrière et carrosserie aérodynamique ; mais une fois encore le projet resta à l'état de prototype, un prototype qui incluait cependant de nombreuses caractéristiques de la future Volkswagen.

Pendant ce temps, la réputation de Porsche était arrivée aux oreilles d'Hitler et après plusieurs entrevues, le Führer fut convaincu que Porsche était l'homme qu'il fallait pour concevoir une « voiture du peuple », une Volkswagen.

"Sascha", but they did not have much of an impact on the still fledgling market. Since 1906 he had worked for Austro-Daimler, then in 1923 he joined Mercedes-Benz, and finally in 1929 Steyr. The next step was to set out on his own and found a consulting firm and for this he moved to Stuttgart in Germany. This was the start of Porsche, but at first the company's aim was to design cars for third parties and not produce them on its own.

Porsche continued to entertain the idea of a simple car and tried to convince potential clients to finance his project. In 1931 Zündapp, an important German motorcycle company, commissioned a design study for a 'people's car'; Porsche invented an ingenious five-cylinder star-shaped, air-cooled engine, to be mounted behind the driver's seat but the project never got off the ground.

The following year NSU, another motorcycle company, requested something similar and he designed the Typ 32, with a four-cylinder rear-mounted 'boxer' engine and an aerodynamic bodywork; again the prototype failed to get off the ground, but it did contain many of the characteristics that would be seen in the future Volkswagen car.

Porsche's reputation had meanwhile come to Hitler's notice and after meeting a couple of times, the Fuhrer was convinced that Porsche was the right man to design a 'people's car', a Volkswagen.

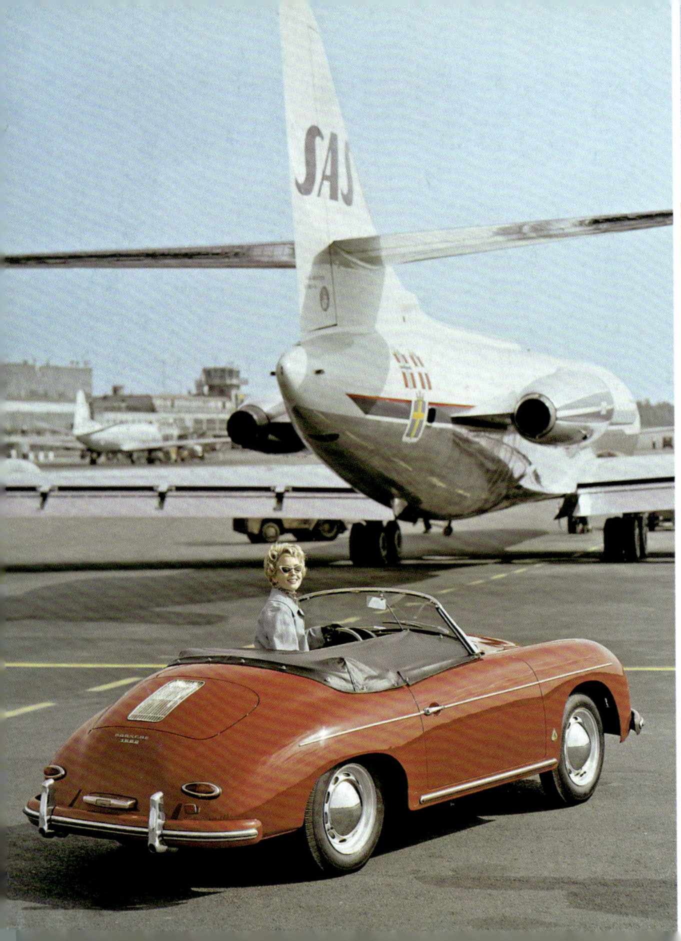
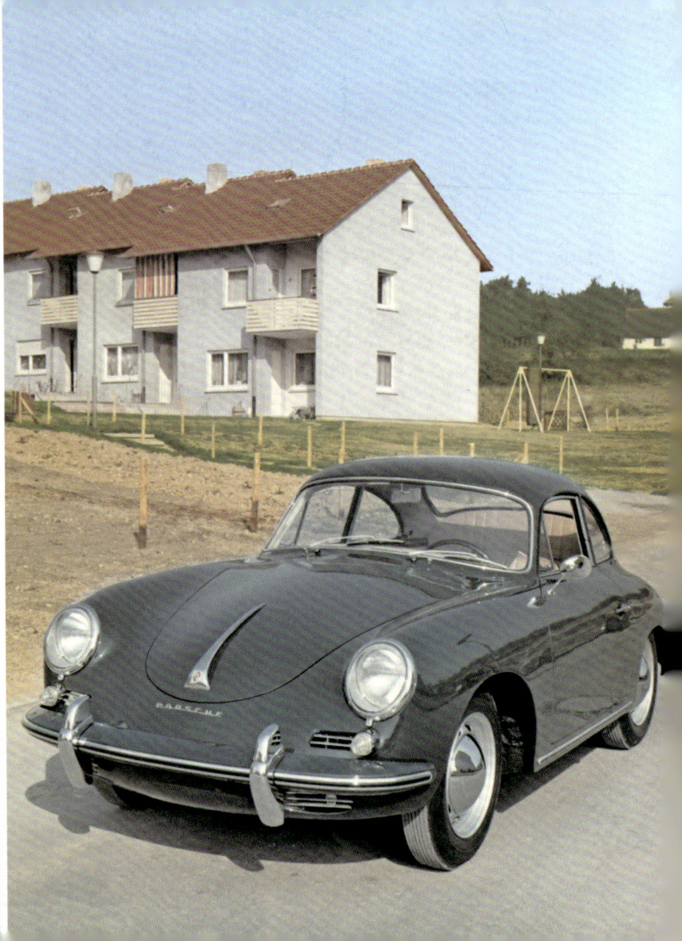

À l'occasion du Salon de l'automobile de Berlin de 1935, Hitler déclara fièrement avoir confié la commande de la voiture au « plus grand concepteur de tous les temps ».

Avec le soutien de l'État allemand, le projet, le prototype et les tests purent s'effectuer en quatre ans, juste à temps malheureusement pour voir éclater la Seconde guerre mondiale et assister à la conversion de la ligne de production, qui ne tournait pas encore à plein régime, aux commandes militaires. Porsche continua à travailler sur le lancement du processus de production de l'usine Volkswagen tout en se consacrant à d'autres grands projets comme les voitures de course d'Auto Union, les célèbres « flèches d'argent ». Avec le déclenchement de la guerre, il se consacra également à des projets militaires, notamment la conception du char blindé Tiger et du contre-torpilleur Elefant.

À la chute du nazisme, il partit se réfugier en Autriche où les autorités françaises lui demandèrent de poursuivre la conception et la production de la Coccinelle en France, dans le cadre des négociations pour les réparations de guerre exigées à l'Allemagne. L'idée fut finalement abandonnée et lors d'une réunion officielle à Wolfsburg en décembre 1945, Ferdinand Porsche, son fils Ferry et son gendre Anton Piëch furent arrêtés pour crimes de guerre. Ils furent condamnés sans jugement à vingt mois de détention à la prison de Dijon. Porsche ne fut autorisé à rentrer en Allemagne qu'à la fin 1950 et on raconte

At the Berlin Automobile Show in 1935 he proudly declared that he had given the job of producing the car to the 'greatest designer of all time'. With the support of the German state, the design work, the prototypes and testing were carried out in four years, just in time, unfortunately, to see the outbreak of the Second World War and the conversion of the production line, which had not yet reached its maximum output, to military orders.

Porsche continued to be involved with the start of the manufacturing process in the Volkswagen factory, while at the same time following other important projects. One of these was racing cars for Auto Union, the famous 'Silver Arrows'. With the outbreak of the war, he was also involved in military projects, including the design of the Tiger Tank and Elefant tank destroyer. On the fall of Nazism, he took refuge in Austria, where he was asked by the French authorities to continue the design and production of the Beetle in France, as part of the negotiations for German war reparations. The idea was shelved and during an official meeting in Wolfsburg in December 1945, Porsche was arrested as a war criminal, together with his son Ferry and son-in-law Anton Piëch, and sentenced without trial to 20 months detention in Dijon prison. He was only allowed to return to Germany at the end of 1950 and the story goes that he was moved to tears when he saw the roads full of Volkswagens.

La Porsche 356 possédait la même base mécanique que la Volkswagen Coccinelle ; le moteur était identique mais spécialement mis au point pour plus de puissance. Grâce à la légèreté de sa carrosserie, les prestations de la voiture étaient optimales et les coûts relativement bas.

The Porsche 356 used the same basic mechanical components as the Volkswagen Beetle; even the engine was the same, but suitably tuned to increase power. With a light body, the performance of the car was excellent and costs were kept relatively low.

qu'il fut ému aux larmes en découvrant les rues envahies de Volkswagen.

Il mourut quelques semaines plus tard, le 30 janvier 1951.

La tradition familiale perdura grâce à son fils Ferdinand Anton Ernst Porsche, plus connu comme « Ferry ». Né à Wiener Neustadt le 19 septembre 1909, il avait travaillé avec son père depuis la fondation en 1931 de l'entreprise qui portait leur nom. Avant la guerre, il apporta une contribution majeure au développement des voitures de course d'Auto-Union et prit, en 1938, la place de son père qui collaborait à la construction de l'usine Volkswagen en Saxe.

Avec la guerre, les bureaux quittèrent le centre-ville pour être transférés au nouveau siège de Zuffenhausen, à l'extérieur de Stuttgart, afin d'échapper aux bombardements et en Autriche à Gmünd et Zell-am-See, où la famille possédait une exploitation agricole.

Après son arrestation par les Français, Ferry Porsche fut libéré contre le versement d'une importante somme d'argent, mais il ne fut pas autorisé à rentrer en Allemagne. Il décida alors de conserver les bureaux de Gmünd et de reprendre l'activité d'une manière ou d'une autre. Il fut tout d'abord contraint d'utiliser l'atelier pour réparer des voitures et se vit même obligé de vendre des pompes à eau et des tours pour s'en sortir financièrement. Les premières commandes commencèrent à entrer.

He died a few weeks later on January 30th 1951. The family tradition continued thanks to his son Ferdinand Anton Ernst Porsche, better known as "Ferry". He was born in Wiener Neustadt on September 19th, 1909 and had worked with his father since the start of the company that bore their name in 1931. Before the war he made a major contribution to the development of the Auto Union racing cars and was put in charge of the technical department in 1938, taking over from his father, who was helping with the construction of the Volkswagen plant in Saxony.

With the war the offices had to be moved from the city and were transferred to new headquarters at Zuffenhausen, outside of Stuttgart, to escape being bombed, and in Austria at Gmünd and Zell-am-See, where the family owned a farm.

After he was captured by the French, Ferry Porsche was only liberated on payment of a large sum of money, but he was refused permission to return to Germany. He therefore decided to keep the offices in Gmünd and in some way resume activity there. At first he was forced to use the workshop to repair damaged cars and he even had to supplement his income by selling water pumps and lathes. The first orders then started to arrive. His automobile design work resumed when Piero Dusio, a Turin industrialist, president of Juventus football club

Quant à son travail de concepteur, il reprit lorsque Piero Dusio, industriel turinois, président de la Juventus et propriétaire de l'usine de voitures sportives Cisitalia, fit appel à lui pour la construction d'une voiture de Grand Prix, quelque peu utopiste, à traction intégrale.

Ce n'est que plus tard que Ferry Porsche décida de se jeter à l'eau et de se lancer dans la production de ses propres voitures. Comme Dusio l'avait fait avec sa Grand Touring de dérivation Fiat et ses monoplaces, il pensait qu'il était possible de construire des voitures de sport petites, légères et faciles à conduire en partant d'une base économique mais efficace, comme la Coccinelle conçue par son père. Même si un moteur arrière n'offrait pas la meilleure répartition du poids pour une sportive, la mécanique s'y prêtait bien et surtout, c'était une auto simple et peu chère. Les lignes de la carrosserie furent entièrement revues par un collaborateur du bureau, Erwin Komenda, l'auteur de la Coccinelle, d'où les similitudes entre la Volkswagen et les premières Porsche. Le moteur boxer quatre cylindres de 1,1 litres dut être modifié pour porter la puissance à 40 chevaux.

Ferry Porsche monta son entreprise seul, voyant que nulle banque n'était prête à lui accorder un crédit. Il commença la construction d'un petit lot d'exemplaires de présérie, dotés d'une carrosserie en aluminium, dans un garage improvisé à l'intérieur d'une scierie à Gmünd, essayant dans le même temps de persuader les conces-

and owner of the Cisitalia sports car factory, asked him for help in the construction of a rather utopian four-wheel-drive Grand Prix car.

After this Ferry Porsche decided to launch himself into the production of his own cars. As Dusio had done with his Fiat-based Grand Touring and single-seater cars, he thought that it was possible to build sports cars that were small, light and easy to drive by starting from a cheap and valid base such as the Beetle that had been designed by his father. Despite the fact that a rear-mounted engine did not allow the best weight distribution for a sports car, the mechanics were fine for the purpose and above all it was cheap and simple. The bodywork line however was totally redesigned by a colleague from the firm, Erwin Komenda, the same person who had designed the Beetle, which explains the similarities between the Volkswagen and the first Porsche cars. The four-cylinder 1.1 litre 'boxer' engine received the required tuning to bring the power up to 40 hp.

Ferry Porsche set up his firm on his own, seeing as no bank was prepared to give him credit. He began the construction of a small batch of pre-production cars, with aluminum body, in a makeshift workshop inside a sawmill at Gmünd, trying at the same time to persuade Volkswagen dealers to place some orders. The first came in winter 1947 from Zurich, and so the "Porsche No. 1"

sionnaires Volkswagen d'en commander quelques-uns. La première commande arriva de Zurich au cours de l'hiver 1947, et la Porsche n. 1 devint la 356, première voiture de série produite par la marque de Stuttgart. L'exemplaire numéro 001 fut immatriculé le 8 juin 1948, ouvrant la voie à une légende qui perdure depuis soixante-dix ans. C'était un roadster aux lignes basses et fuyantes utilisé pour la mise au point de la version définitive.

Grâce à la recette des ventes des cinquante premières berlinettes 356, auxquelles vinrent s'ajouter plusieurs versions Spider carrossées par le Suisse Beutler, Porsche fut en mesure de retourner à Stuttgart et de lancer la production à l'échelle industrielle. Au printemps 1949, il signa un contrat important avec Volkswagen, en vertu duquel il fournissait des conseils pour l'évolution de la Coccinelle ; en échange, on lui garantit une part sur toutes les voitures vendues, la possibilité d'obtenir des composants pour la construction de ses voitures de sport et celle de s'appuyer sur le réseau de concessionnaires Volkswagen pour la vente et l'assistance.

Comme ses anciens locaux étaient toujours occupés par les soldats américains, Porsche loua une partie des hangars du carrossier Reutter, à qui fut par ailleurs confiée la construction de la coque, dans un acier moins cher mais plus lourd, et fin 1949, il fut en mesure de reprendre son activité en Allemagne. Les cinquante Gmünd 356s furent suivies par les véritables voitures de série,

project became the "356", which was the first production car from the Stuttgart company. Car number 001 was matriculated on June 8th, 1948, and it was the start of a legend that has lasted for 70 years. It was a low streamlined roadster which was used for fine-tuning the definitive version. With the proceeds from the sale of the first 50 356 berlinettas, to which were added several spyder-bodied versions from Swiss body shell manufacturer Beutler, Porsche was in a position to return to Stuttgart and start up production on an industrial scale. In the spring of 1949, he signed an important contract with Volkswagen, on the basis of which he provided consultancy work for the development of the Beetle; in exchange, he was guaranteed a profit for each car sold, the possibility to obtain components for the construction of his sports cars and being able to rely on the Volkswagen dealer network for sales and assistance.

As his old workshops were still occupied by American soldiers, Porsche rented some of the sheds of body shell manufacturer Reutter, who were given the job of constructing the body, this time in cheaper, but heavier steel, and at the end of 1949 he was able to resume activity in Germany. The fifty Gmünd 356s were followed by the true production cars, which collectors call "pre-A" to distinguish them from the following series. As well as a Beetle-derived 1.1 litre engine, Porsche also offered a

appelées par les collectionneurs « pre-A » pour les distinguer de la série suivante. En plus du moteur 1,1 litre dérivé de la Coccinelle, Porsche proposait également une version 1,3 litre plus puissante développant 44 chevaux qui conservait la configuration boxer, suivie en 1951 d'une version 1,5 litre développant 60 chevaux.

La 356 était une voiture de luxe, elle connut pourtant un succès rapide et solide, même en Europe où les plaies de la guerre étaient difficiles à panser, surtout dans les pays qui l'avaient perdue. La production prévue initialement de cinquante exemplaires par an s'avéra bientôt insuffisante et finalement près de 80 000 voitures furent construites en 15 ans. Le mérite revenait à la philosophie de Ferry Porsche, qui affirmait que ses voitures devaient être « fiables, d'excellente qualité et d'une grande contre-valeur ». Une recette infaillible pour attirer la clientèle même d'outre-atlantique.

Max Hoffmann, l'importateur qui distribuait Porsche aux États-Unis, réalisa très vite l'énorme potentiel des petites sportives européennes et comprit qu'elles pourraient devenir un phénomène de mode. Selon lui, une version plus légère était nécessaire et conviendrait à la perfection aux fans de voiture qui voulaient s'amuser pendant la semaine et faire la course pendant le week-end. Il demanda donc à Porsche de réaliser une version spéciale qui fut produite en 1951 à seulement seize exemplaires et baptisée « 356 America Roadster ». Elle

more powerful 44 hp 1.3 litre version, which maintained the same 'boxer' layout, and this was followed in 1951 by a new 60 hp 1.5 litre version.

Despite the fact that it was a luxury car, the 356 had a rapid and notable success, even in Europe where war wounds were proving difficult to heal, especially in countries that had lost the war. The initial forecast production run of 50 cars per year soon proved to be totally insufficient and in the end almost 80,000 were built in 15 years. Merit must go to the Ferry Porsche philosophy, which said that his cars were required to be "reliable, of excellent quality and with similar value". This was a perfect recipe to attract customers, from home and overseas.

Max Hoffmann, the importer who distributed Porsches throughout the Unites States, soon realized the enormous potential of the small European sports car and saw that he could turn it into a fashion phenomenon. He actually thought that a lighter version was required, suitable for sports car fans who wanted to enjoy themselves during the week and cut loose at the weekend. For this reason, he asked Porsche for a special version, just 16 examples of which were built in 1951 with the name of "356 America Roadster". It was equipped with a 70 hp engine, aluminum bodywork constructed by Gläser, it had no side windows and the windscreen could be removed for racing. In 1954 it was followed, again only for the US market, by the famous "356

était dotée d'un moteur 70 chevaux, d'une carrosserie en aluminium signée Gläser, était dépourvue de vitres latérales et on pouvait démonter le pare-brise pour les courses. En 1954, elle fut suivie, toujours sur le marché américain, par la célèbre « 356 Speedster », une des Porsche les plus appréciées de tous les temps ; c'était un cabriolet dont le pare-brise était plus bas et incliné, doté d'une petite capote en toile et d'un habitacle plutôt austère mais qui coûtait moins de 3000 dollars et dégageait un charme irrésistiblement exotique.

La Porsche 356 fut revisitée en 1955 et devint la 356A, deuxième génération. Équipée de nouveaux moteurs 1,3 litre de 40 chevaux et 1,6 litre de 60 chevaux, sa cylindrée était supérieure et sa puissance était similaire à celle de la version antérieure, mais elle était plus robuste et plus fiable et également disponible en version « S », 60 ou 75 chevaux. La 356A se distinguait par son pare-brise qui n'était dorénavant plus divisé en deux, et par ses roues légèrement plus petites.

Afin de satisfaire une clientèle de plus en plus exigeante, une version haut de gamme fut mise au point. Dotée d'une distribution sophistiquée à deux arbres à cames en tête pour chaque banc de cylindre (au lieu d'un arbre unique central) elle pouvait développer 110 chevaux - ce qui était énorme pour une voiture de cette époque, particulièrement une voiture pesant moins de 900 kilos - et pouvait monter à 200 km/h. On lui donna

Speedster", one of the most-loved Porsches of all time. This model was a cabriolet with a low raked windscreen, with just a small soft-top and a spartan interior, but it cost less than 3000 dollars and had an irresistible exotic appeal.

The Porsche 356 was updated in 1955 with the second generation, the 356A. It had two new engines, a 40 hp 1.3 and a 60 hp 1.6 unit. With larger cylinders and a similar power output to the previous versions, they were sturdier, more reliable cars and were also available in "S" versions, respectively with 60 and 75 hp. The 356A could be recognized by its windscreen, which was no longer split in two, and for its slightly smaller wheels.

To satisfy an increasingly demanding clientele, a high-performance version was then developed. This sported a double overhead camshaft for each bank of cylinders (instead of a single central one) and was capable of 110 hp: it was a massive power output for a car of that time, especially one weighing less than 900 kilograms, and it was powerful enough to push it to a top speed of over 200 km/h. The car was given the legendary name of Carrera, which was derived from the dangerous road race that crossed Central America in that period, and a name that is still synonymous with sports cars today.

The next evolution, the 356B, came in 1959. The body shell had larger windows and twin deck lid grilles, while the engine remained exclusively 1.6 litres in the staple 60 hp,

un nom légendaire, dérivé d'une course aussi célèbre que dangereuse qui traversait l'Amérique centrale à cette époque, un nom qui, aujourd'hui encore, est synonyme de sportivité : Carrera.

L'évolution suivante, la 356B, fit son apparition en 1959. La carrosserie arborait des vitres plus grandes et une double grille couvrait le capot moteur, tandis que le moteur restait celui d'1,6 litre pour la version de base de 60 chevaux et les versions Super 75 et Super 90, auxquelles s'ajoutait la Carrera, qui développait désormais 115 chevaux. En 1961, pour élargir la gamme, une version éphémère baptisée « Hardtop Coupé » vit le jour et reprenait les lignes du cabriolet mais avec un toit rigide en tôle non escamotable.

La dernière version fut la 356C, de 1963, proposée en version standard 75 chevaux, version S 95 chevaux et la Carrera 130 chevaux. C'est sur cette dernière que sont apparus pour la première fois les freins à disque, mais uniquement en option. L'année suivante vit apparaître la Porsche 911, cependant la 356 continua à être produite jusqu'en 1965, en raison de la forte demande, surtout sur le marché américain. Le dernier lot fut construit en 1966 pour la police hollandaise.

Super 75 and Super 90 versions. It was accompanied by the Carrera, now with 115 hp. In 1961, a hard-top coupé version was also made available. This had the same lines as the cabriolet, but with a non-removable sheet metal hard top.

The last update was the 356C, which was introduced in 1963 in standard 75 hp, 95 hp S, and 130 hp Carrera 2 versions. Disc brakes appeared for the first time, albeit only as an optional. The Porsche 911 should have been introduced the following year, but the 356 remained in production throughout 1965 due to strong demand, especially on the US market. The final batch was built in 1966 for the Dutch police force.

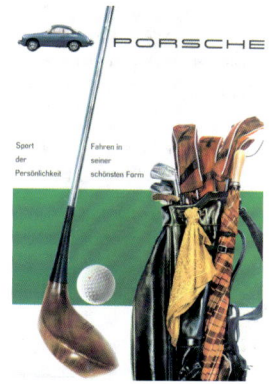

911 - 912

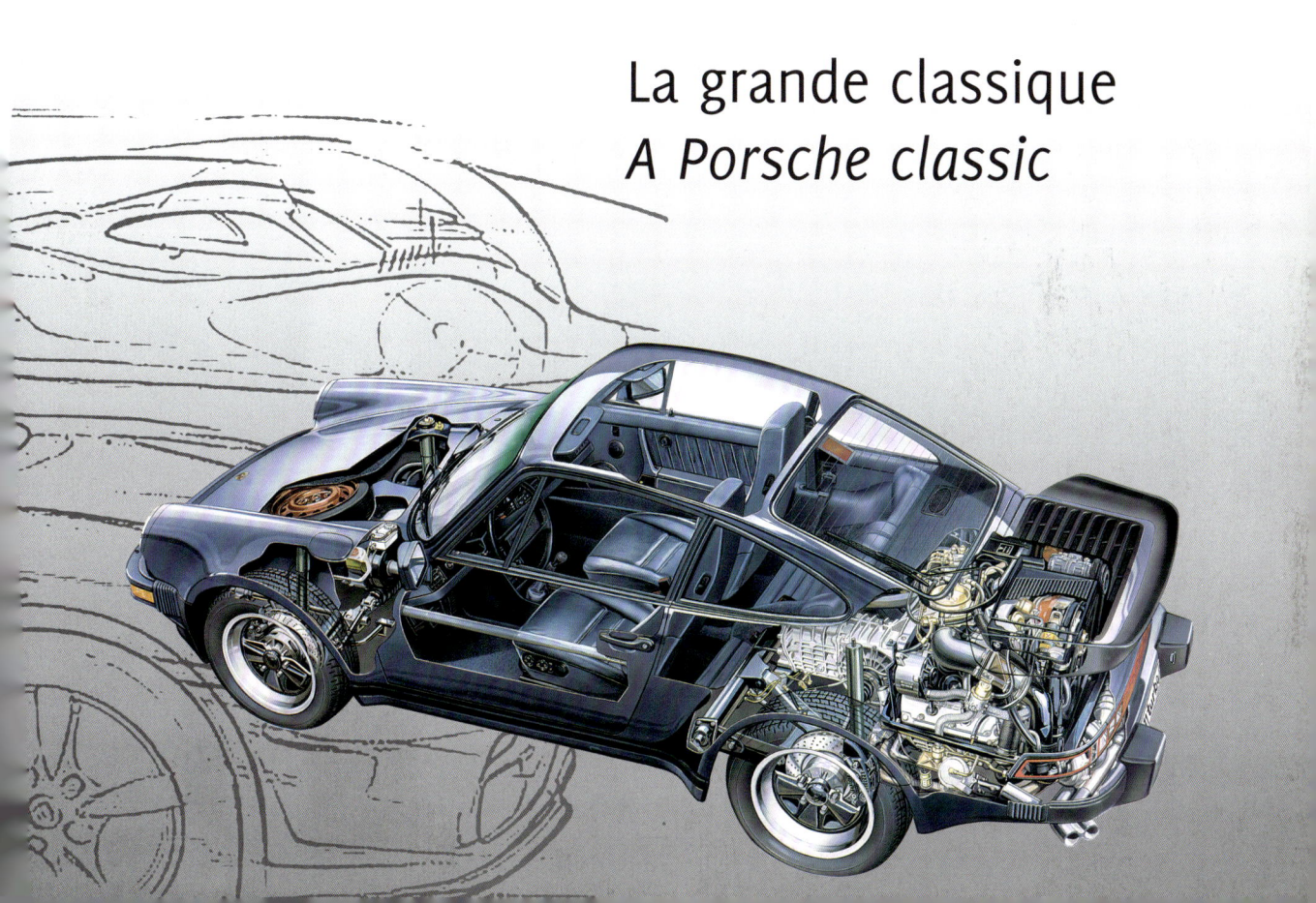

La grande classique
A Porsche classic

Vers la fin des années cinquante, Ferry Porsche avait compris que pour maintenir le standing de ses voitures, il allait devoir abandonner la 356 et ses liens avec la Coccinelle. L'esprit, en revanche, devait rester le même : les Porsche continueraient à être rapides et fiables, adaptées pour une conduite au quotidien et devraient conserver leur valeur dans le temps. C'est le marché de l'automobile qui se transformait ; le spectre de la guerre s'était éloigné, on traversait une période de forte croissance économique et sociale et les commandes des clients, surtout aisés, augmentaient à un rythme effréné.

Le projet de la nouvelle Porsche, la 901, débuta en 1957. Le concept initial, avec son moteur boxer à refroidissement par air monté à l'arrière, serait conservé, mais Porsche voulait une voiture plus puissante, dotée d'une meilleure tenue de route, à l'habitacle plus raffiné et un compartiment à bagages capable de contenir « au moins un sac de golf ».

La tâche n'était pas des plus simples, surtout quant à la forme de la carrosserie, les interrogations et les doutes furent nombreux. Finalement, avec l'aide de Komenda et du fils de Ferry, Ferdinand Alexander « Butzi » Porsche, ils parvinrent à concevoir une berlinette 2+2, aux lignes douces et élégantes qui réinterprétaient de façon moderne le style du modèle précédent. Le châssis et la carrosserie furent entièrement redessinés, et le système de

Towards the end of the 1950s it was clear to Ferry Porsche that to keep the high standards he had set for his cars, it was necessary to abandon the 356 and its links with the Beetle. The spirit however was not to change: Porsches would continue to be fast and reliable cars, suitable for everyday driving, and they had to keep their value in time. It was the market around the car that was changing; memories of the war were now distant, there was a period of strong social and economic development, and demand from clients, especially from higher income brackets, was growing at a rapid rate.

The design project for the new Porsche, called 901, began in 1957. The general layout, with its rear-mounted air-cooled 'boxer' engine, was to remain, but Porsche was thinking of a larger, more powerful car, with better road-holding, an improved interior finish and a luggage compartment that was big enough to contain "at least a set of golf-clubs".

It was not an easy problem to overcome and doubts and second thoughts were the order of the day especially over the body shape. In the end, with the help of Komenda and Ferry's son, Ferdinand Alexander "Butzi" Porsche, they succeeded in designing a 2+2 berlinetta, with soft elegant lines, which reinterpreted in a modern way the classic design features of the previous model. The chassis and the body were completely redesigned, the antiquated

La 911 fut lancée en 1963 et elle est toujours produite aujourd'hui même si elle a été considérablement transformée au fil du temps. C'est sans aucun doute la Porsche la plus célèbre.

The 911 was launched in 1963 and is still in production today, even though it has been updated considerably over the years. It is without a shadow of doubt the most famous Porsche car ever built.

suspension vieilli fut remplacé par un schéma McPherson à l'avant et des bras oscillants à l'arrière.

Sous la supervision de Ferdinand Piëch, neveu de Ferdinand Porsche et futur directeur général du groupe Volkswagen, un moteur flambant neuf fut mis au point : boxer six cylindres à carter sec, avec distribution à deux arbres à came en tête par banc de cylindres.

Le premier prototype fut exposé au Salon de l'automobile de Francfort en septembre 1963 ; la production en série débuta exactement un an plus tard, juste à temps pour présenter la voiture à la Foire de Paris. Peugeot, cependant, réclama son copyright pour les noms créés avec trois chiffres dont un zéro au centre, et la nouvelle Porsche devint donc la « 911 », un numéro qui, un demi-siècle plus tard, fait encore rêver.

En fait, avec son moteur 2 litres, la 911 était positionnée légèrement au-dessus de la 356, qui continua d'ailleurs à être produite deux années de plus. Ensuite, pour continuer à proposer aux clients une alternative plus économique, on décida de réutiliser le moteur quatre cylindres et de le monter dans la même carrosserie que la 911, donnant ainsi naissance à la 912, lancée en 1965. En décembre, l'année suivante, une 912 devint la 100 000ème Porsche produite, un exemplaire destiné à la police, les forces de l'ordre de plusieurs pays d'Europe centrale ayant opté pour les voitures de sport allemandes en guise de voitures de patrouille en raison de leurs prestations et de leur fiabilité.

suspension was replaced with a McPherson layout at the front and swing-arms at the rear.

Under the supervision of Ferdinand Piëch, the nephew of Ferdinand Porsche and future Managing Director of the Volkswagen Group, a totally new engine was developed. It was a six-cylinder 'boxer' unit, with DOHC distribution for each bank of cylinders.

The first prototype went on display at the Frankfurt Motor Show in September 1963; production began exactly one year later, just in time to present the car at the Paris Show. Peugeot however claimed copyright on names made up of three figures with a zero in the middle and so the new Porsche was called "911": a number that still arouses excitement everywhere today, almost half-a-century later.

With its 2.0 litre engine, the 911 was actually positioned slightly higher up the market than the 356, which as a result was kept in production for another couple of years. Then, to continue to give clients a cheaper alternative, it was decided to re-use the four-cylinder engine and mount it in the same body as the 911, thus giving rise to the 912, which was launched in 1965. In December of the following year, a 912 was the 100,000th Porsche produced, and it was destined for the police; the forces of several central European countries actually opted for the German sports cars as their patrol vehicles, because of their superior performance and reliability.

En 1967, une pièce majeure
de l'histoire de Porsche voit le jour :
la carrosserie « Targa ».
Dotée d'une barre stabilisatrice
robuste en métal, d'un toit ouvrant
et d'un pare-brise arrière
escamotable, elle était pensée
comme une alternative plus sûre
au cabriolet normal.

*In 1967 a milestone
was created in Porsche
history with the "Targa".
It had a robust metal
roll-bar, with a removable
top and rear window,
and had been designed
as a safer alternative
to the normal cabriolet.*

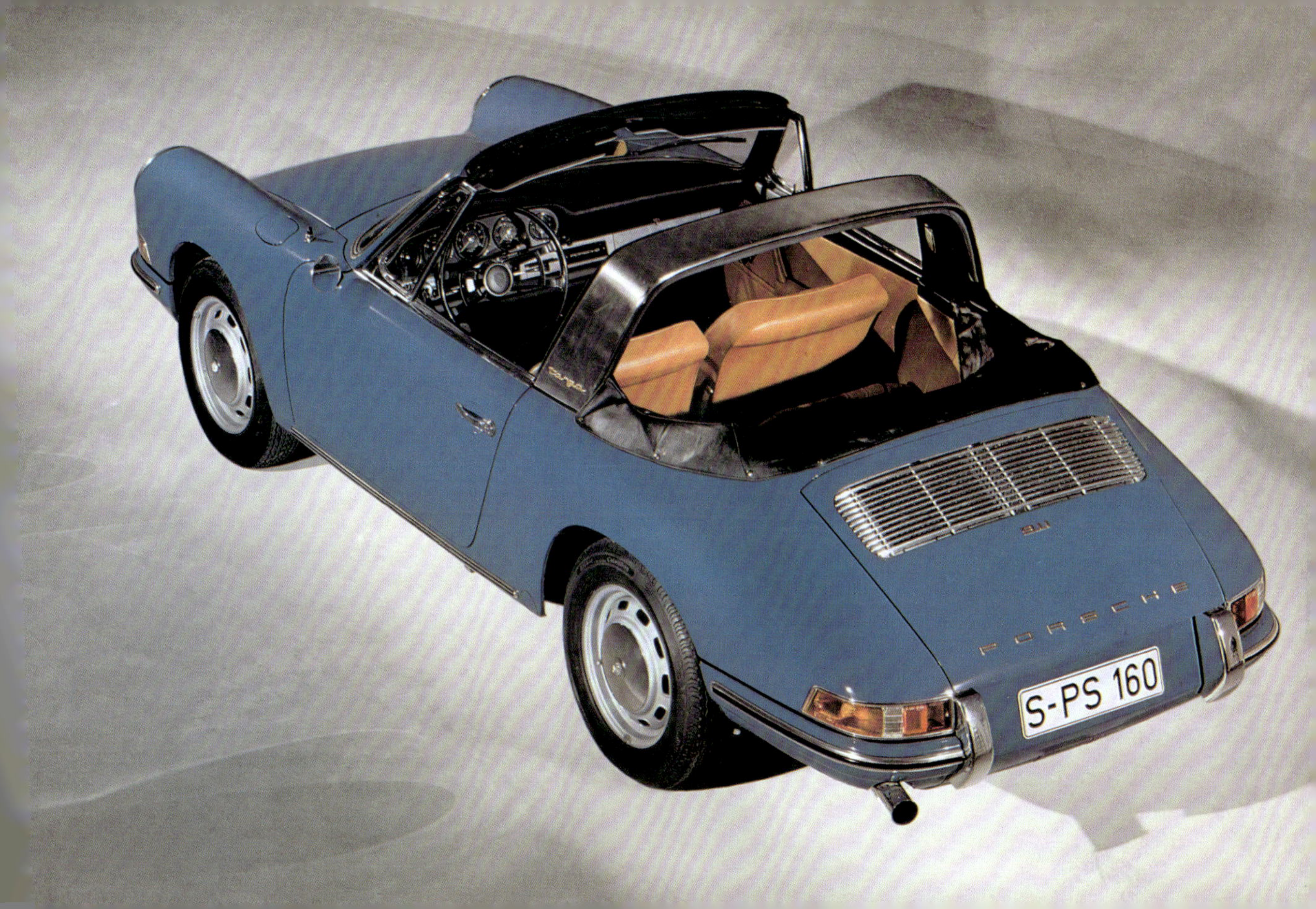
PORSCHE
S-PS 160

Tandis que la 912, belle et économique, était une voiture particulièrement attrayante pour le marché du Gran Turismo, la 911 réussit à bien se positionner sur le marché des voitures de sport. C'est pourquoi la 911S fut construite début 1966, avec une puissance boostée de 130 à 160 chevaux. Elle était immédiatement reconnaissable avec ses roues Fuchs en alliage léger arborant leurs cinq branches et qui allaient devenir le signe distinctif des Porsche.

L'année suivante, une autre pièce majeure de la marque vit le jour. Craignant que la proposition de loi américaine interdisant les cabriolets pour des raisons de sécurité ne soit approuvée, privant ainsi la marque de l'un des ses plus gros marchés, un nouveau type de voiture de sport ouverte, étudiée pour protéger les occupants en cas de tonneau fut créé. C'est ainsi qu'est née la « Targa », qui tire son nom de la Targa Florio, la célèbre course automobile sicilienne remportée par Porsche à plusieurs reprises. C'était un cabriolet doté d'une barre stabilisatrice robuste en acier dont le toit et la vitre arrière étaient escamotables. En 1967 toujours, la gamme de motorisation disponible fut élargie, avec la « petite » 911T de 110 chevaux, venue s'ajouter à la 911L de 130 chevaux, et la 911R, éphémère (seules une vingtaine furent construites) développant 210 chevaux et possédant un moteur double allumage, un carter en magnésium et des portières en aluminium. Peu de temps après, la première

While the 912, due to its appeal and price, was a car that was attractive to the GT market, the 911 managed to conquer a significant piece of the high-performance sports car market. For this reason at the start of 1966 the 911S was built and its power output boosted from 130 to 160 hp. It could be immediately recognized by light alloy Fuchs wheels with the five-leaf motif that would become a distinctive feature of Porsches.

The following year saw another milestone; fearing that a US bill banning cabriolet cars for safety reasons was about to be approved, thus depriving the firm of one of its largest markets, a new type of open sports car was invented, designed to protect the driver and passengers in case the car overturned. This car was the "Targa", whose name was derived from the Targa Florio, the famous Sicilian road race that Porsche had won several times: it was a cabriolet with a robust steel roll-bar and it allowed the removable roof and plastic rear window to be removed.

Still in 1967, the range of engine sizes available had also increased, with the 'small' 110 hp 911T coming in alongside the standard 130 hp 911L and a 210 hp 911R (only 20 of these were built) with twin-spark cylinder heads, magnesium crankcase and aluminum doors. Shortly after the first semi-automatic version was built, fitted with "Sportomatic" gear change and a torque converter in place of a clutch.

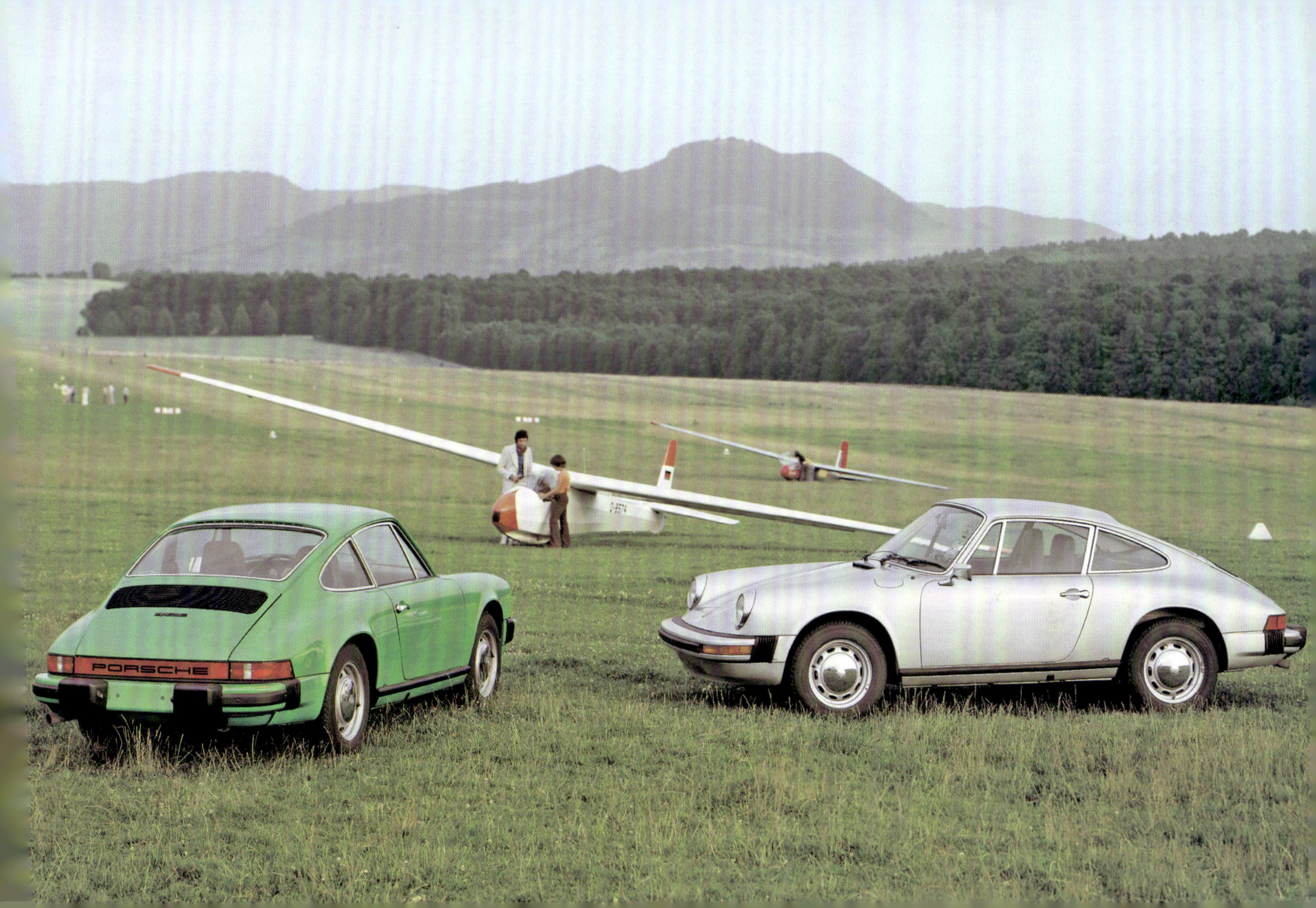
PORSCHE

La 911RS (RennSport, « voiture de course » en allemand) de 1973 fait partie
des Porsche les plus célèbres et les plus appréciées des passionnés.

The 1973 911RS (RennSport, "racing sport" in German)
is one of the most famous and most loved Porsches by enthusiasts.

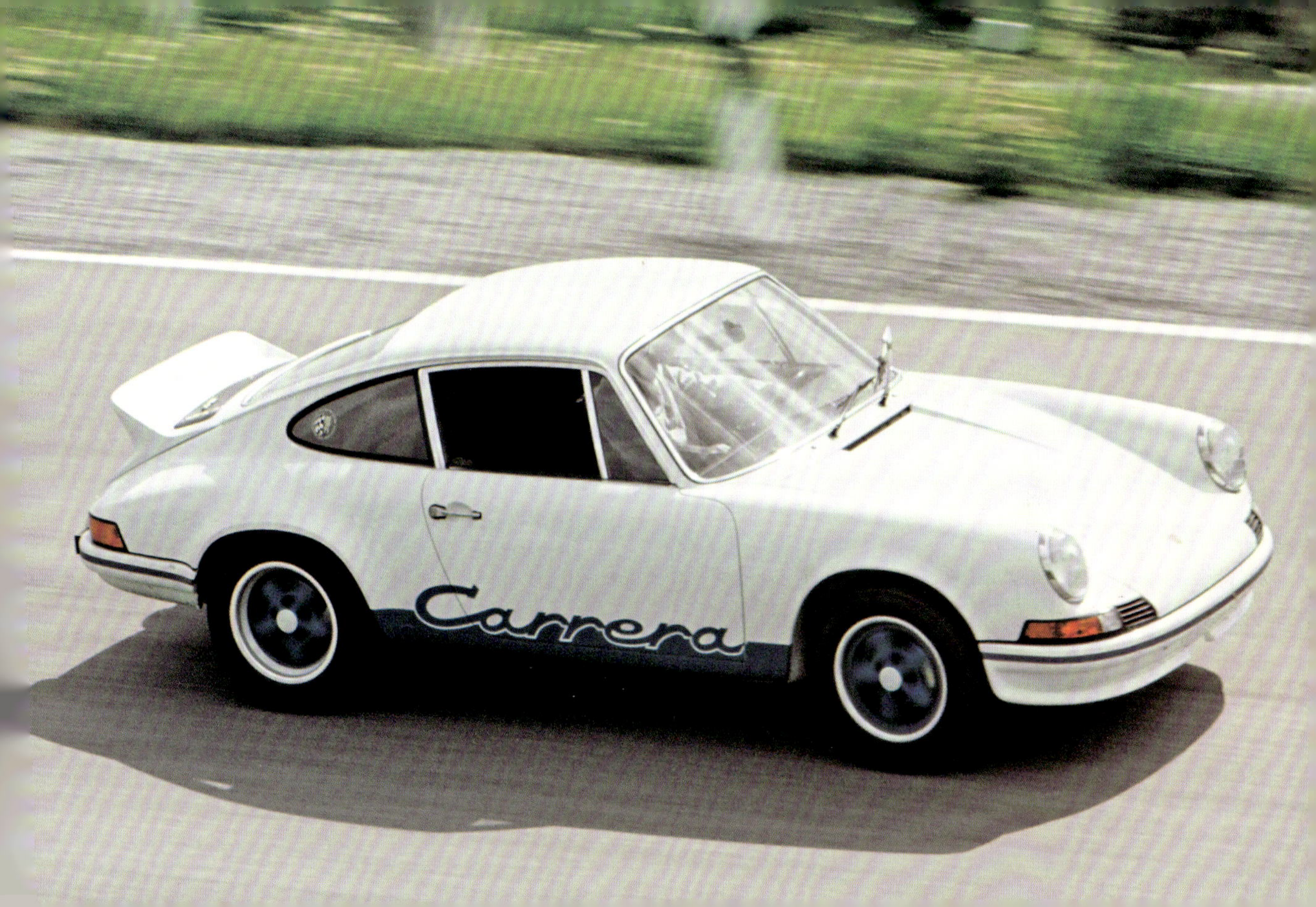
Carrera

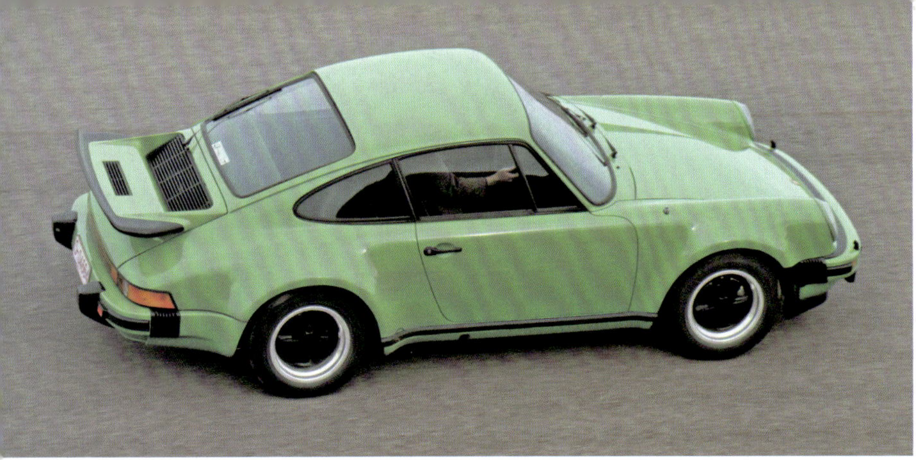

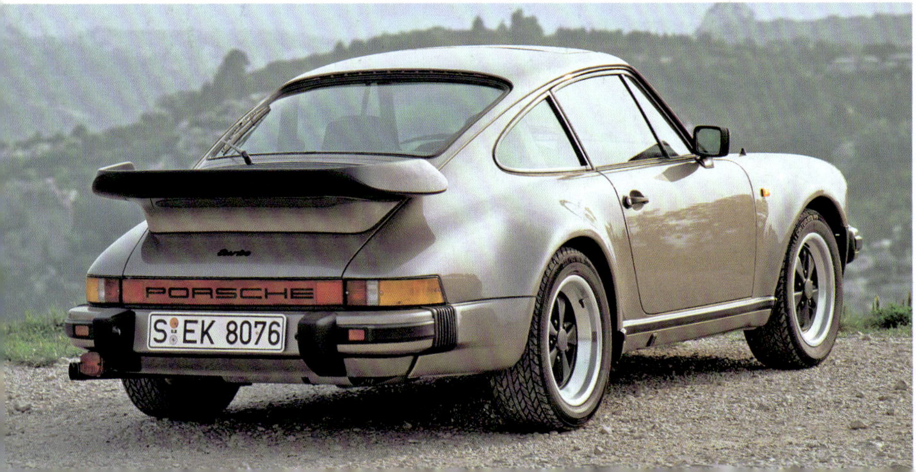
PORSCHE
S EK 8076

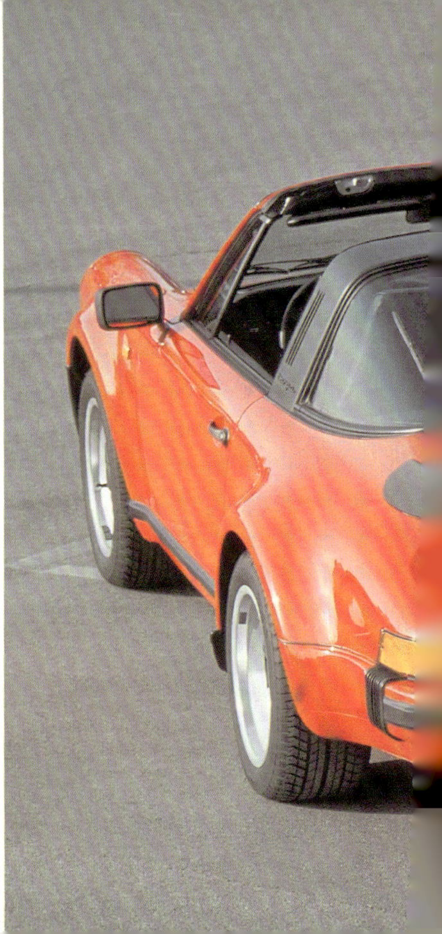

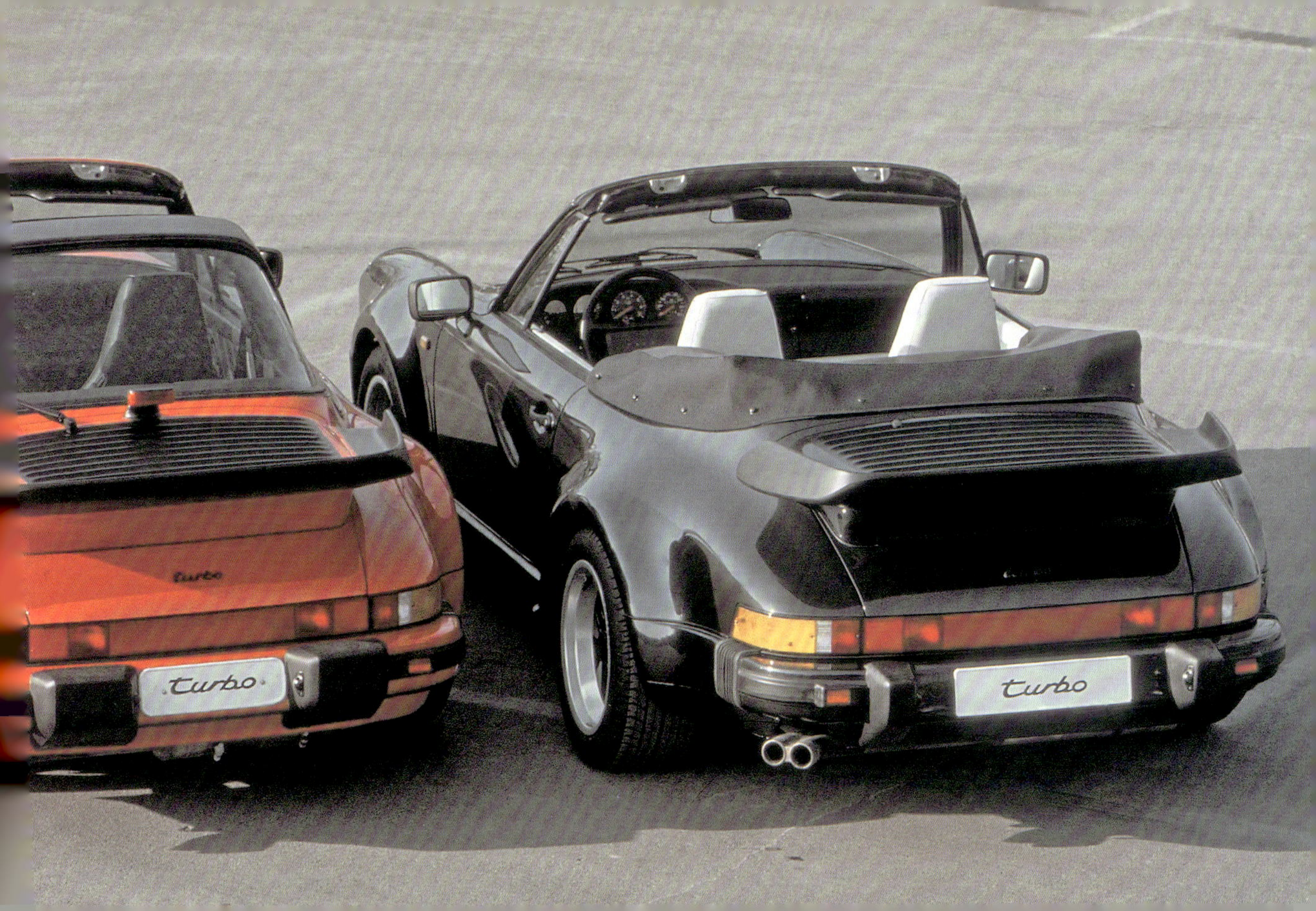
turbo
turbo
turbo

version semi-automatique fut proposée, équipée de la boîte de vitesses « Sportomatic » et d'un convertisseur de couple à la place de l'embrayage.

La deuxième génération de la Porsche 911, que les passionnés appelaient « B », fut lancée en 1969 et la modification principale fut l'augmentation de l'empattement de quelques centimètres de plus (la carrosserie restant inchangée), pour favoriser une conduite plus nerveuse. La gamme comprenait la 911T (destinée à remplacer définitivement la 912 dont la production cessa), la 911E avec moteur à injection mécanique de 140 chevaux (qui remplaçait la 911L à injection directe de carburant) et la 911S, qui était également équipée de la nouvelle injection Kügelfischer, portant la puissance à 170 chevaux.

Ce ne fut qu'une solution temporaire puisque à partir de 1970 la cylindrée passa à 2,2 litres et la puissance à 125, 155 et 180 chevaux respectivement, donnant naissance à la « série C ».

Répondant aux attentes d'une clientèle de plus en plus exigeante, la cylindrée fut encore augmentée en 1971, avec la « série E », à 2,4 litres et la puissance passa à 130, 165 et 190 chevaux.

1973 est la date de création d'une nouvelle référence dans l'histoire de Porsche : la 911 Carrera RS (acronyme de Rennsport, « course » en allemand »). Avec son moteur 2,7 litres, capable de développer 210 chevaux, elle était destinée à participer aux courses qui acceptaient les

The second generation of the Porsche 911, which enthusiasts called "B", was introduced in 1969, and the main change was the increase in the wheelbase by a few centimetres (even though the body remained the same), to improve the car's 'nervous' handling. The range was made up of the 911T (which replaced the 912, by now no longer in production), the 911E with a 140 hp mechanical fuel injection engine (replacing the fuel-injection 911L) and the 911S, which was also equipped with the new Kügelfischer injection, boosting power output to 170 hp.

This was only a temporary solution, as from 1970 the engine displacement was to go up to 2.2 litres, and power up to 125, 155 and 180 hp respectively, giving rise to the "C" series.

Following the wishes of an increasingly demanding clientele, a further increase in displacement size came about with the "E" series in 1971, which saw the engine increased to 2.4 litres and power go up once again to 130, 165 and 190 hp.

1973 saw the start of another milestone in Porsche history: the 911 Carrera RS (which stood for Rennsport, race sport in German). With a 2.7 litre engine capable of developing 210 hp, the RS was designed to allow it to take part in races in which normal production cars were entered, but its success did not stop at the race-track and it soon became a 'must' for more demanding

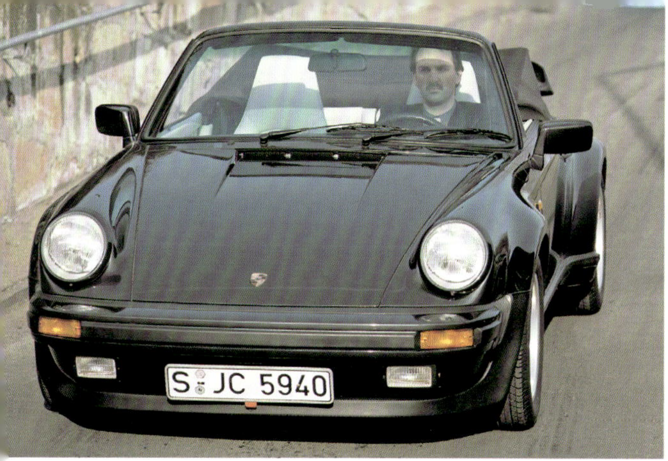
S JC 5940
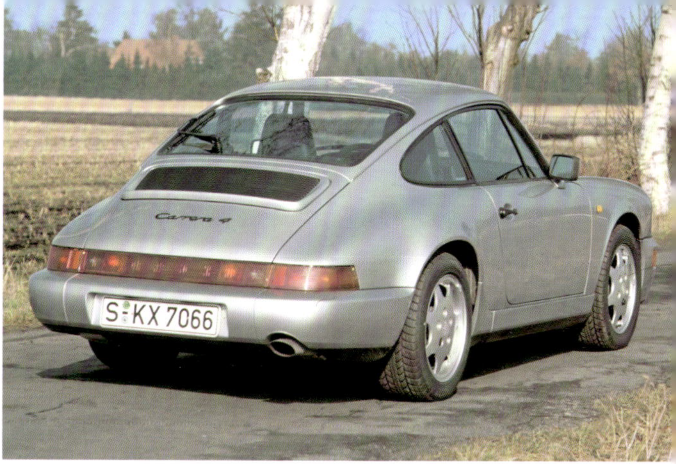
S KX 7066
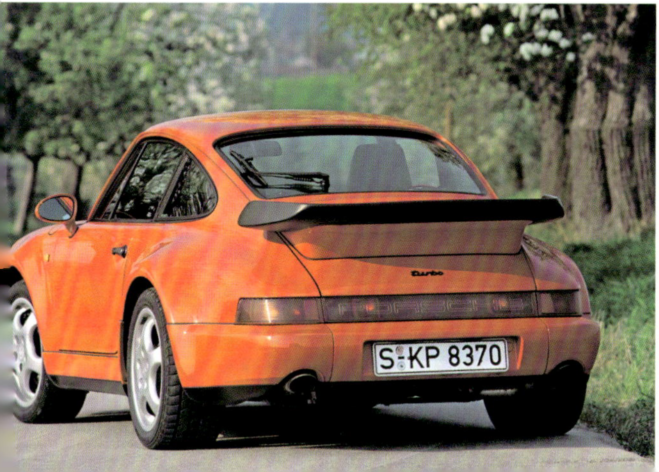
S KP 8370
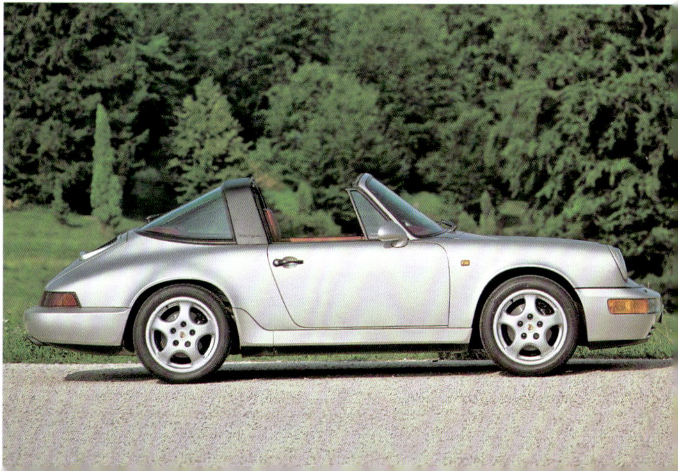

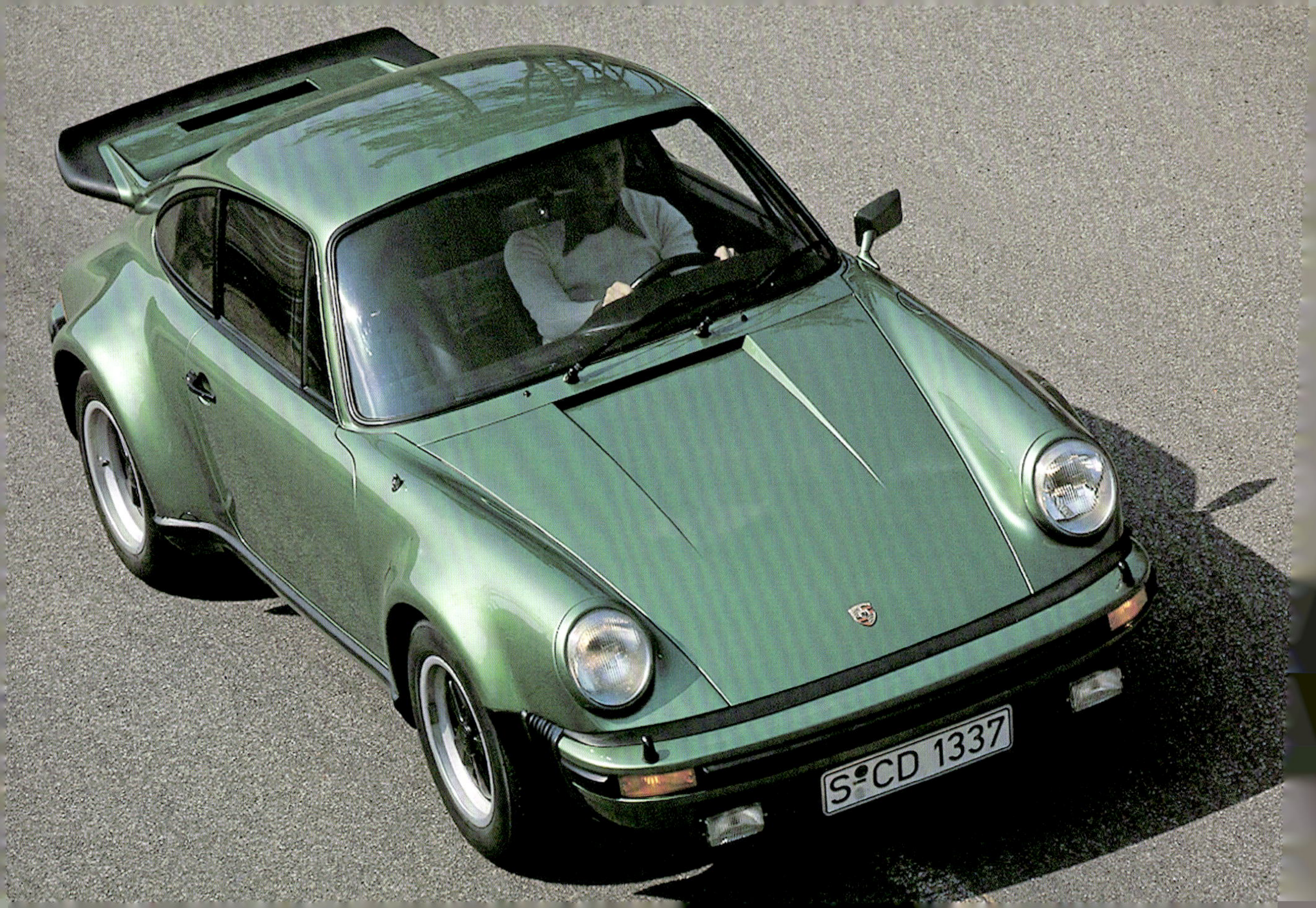
S CD 1337

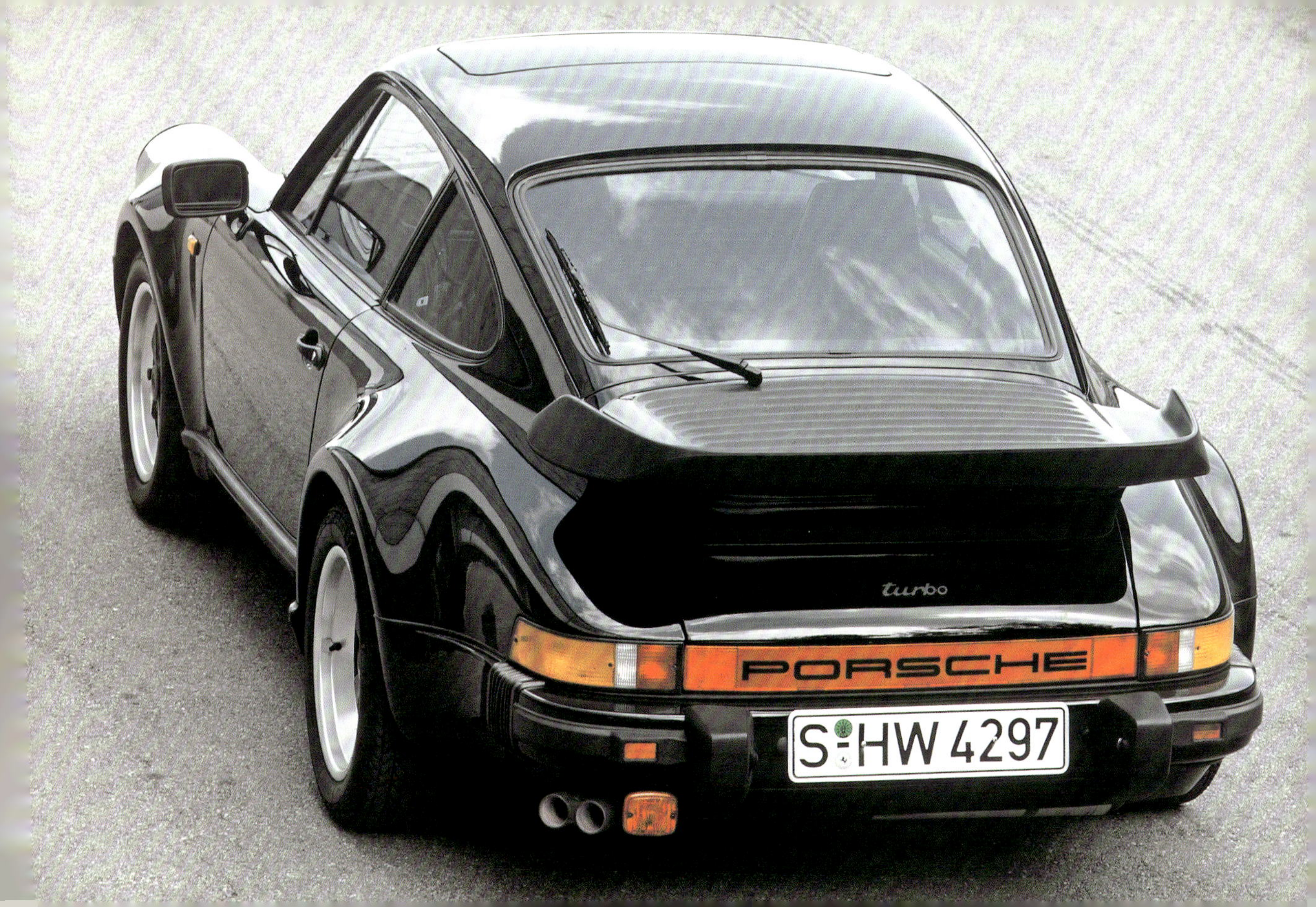
turbo
PORSCHE
S-HW 4297

voitures de série mais ses victoires ne se limitèrent pas aux circuits ; elle devint un *must* pour les clients les plus exigeants. Très large, dotée d'un becquet arrière voyant surnommé « queue de canard », elle servit de base pour la génération suivante, la « série G », qui fut créée à la fin de l'année pour l'année automobile 1974. Elle possédait trois innovations significatives : un moteur 2,7 litres dérivé de la RS, des pare-chocs à absorption d'énergie conformes aux normes américaines et une injection électronique Bosch K-Jetronic. La gamme était composée de la 911 standard de 150 chevaux, de la 911S 175 chevaux et la 911 Carrera RS, devenue modèle de série.

La « série I » suivante, de 1975, connut une nouvelle augmentation de puissance pour la RS, qui possédait désormais un moteur 3 litres après le développement d'une version de compétition, puis ce fut au tour de la 930, la première Porsche 911 Turbo. Il s'agissait là d'une innovation dans l'histoire de l'automobile : la première voiture de série à être dotée d'un turbocompresseur à gaz d'échappement fit son apparition sur le marché. Exposée en avant-première au Salon de l'automobile parisien à l'automne 1974, elle dérivait directement des prototypes conçus pour les courses. Le système turbo du moteur provenait des spectaculaires 917/30 Can-Am et était appliqué au moteur 3 litres de la RS. La carrosserie était similaire à celle des autres 911, avec des cages de roues plus larges et un énorme becquet à l'arrière, mais

clients. Very wide, with a large rear 'duckbill' spoiler, it formed the basis for the next generation, the "G" series, which was created at the end of the year for the 1974 model year. This had three significant innovations: a 2.7 litre engine derived from the RS, energy-absorbing impact bumpers in compliance with US norms and Bosch K-Jetronic electronic fuel injection. The range was made up of the staple 150 hp 911, the 175 hp 911S and the 911 Carrera RS, which became a production model.

The subsequent "I" series in 1975 saw a further increase in power for the RS, which now had a three-litre engine following the development of a racing car version. It also saw the start of the "930", the first-ever Porsche 911 Turbo. This was a ground-breaking innovation in the history of the automobile, in that it was the first production car on the market to be supercharged with an exhaust gas turbo-compressor. Put on display at the Paris Motor Show in the autumn of 1974, it derived directly from the prototypes designed for racing. The turbo system came from the spectacular 917/30 Can-Am cars, and it was applied to the three-litre engine of the RS. The body was similar to that of the other 911s, with wider wheel-arches and a massive rear spoiler, but all the engine components had to be strengthened to withstand 260 hp of power, delivered brutally through a four-speed racing gearbox.

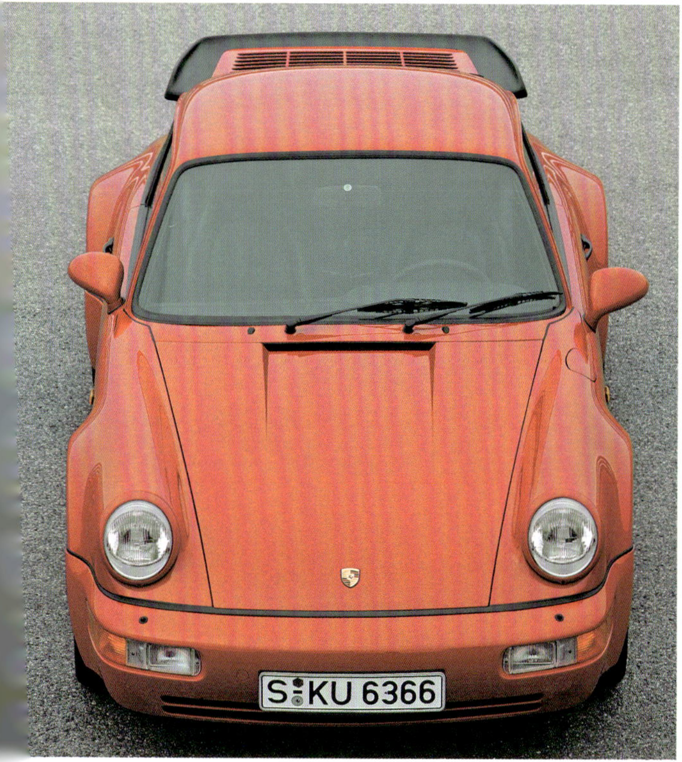
S KU 6366

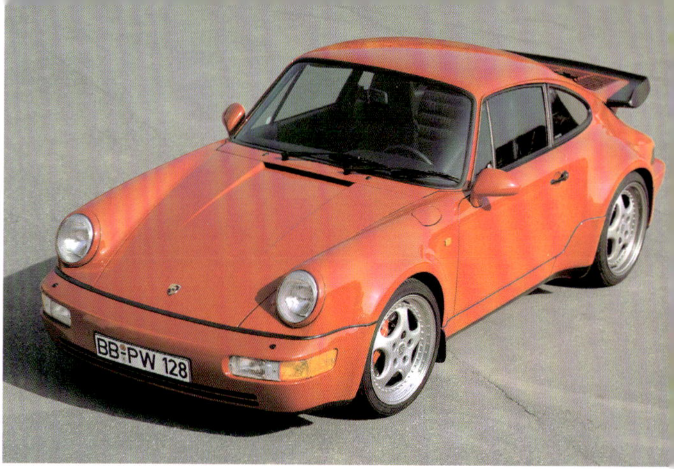
BB PW 128

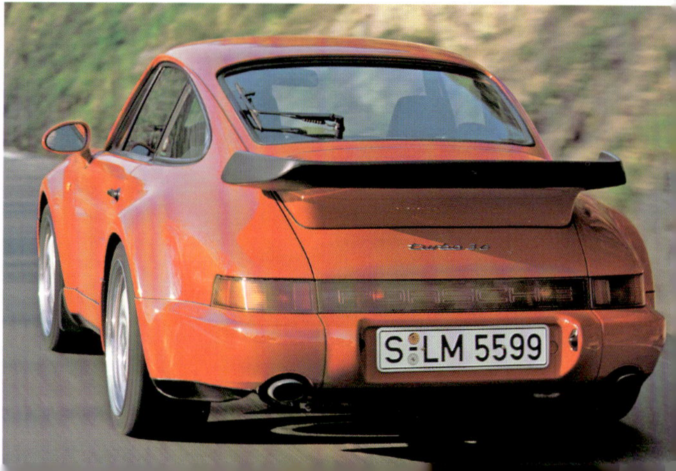
S LM 5599

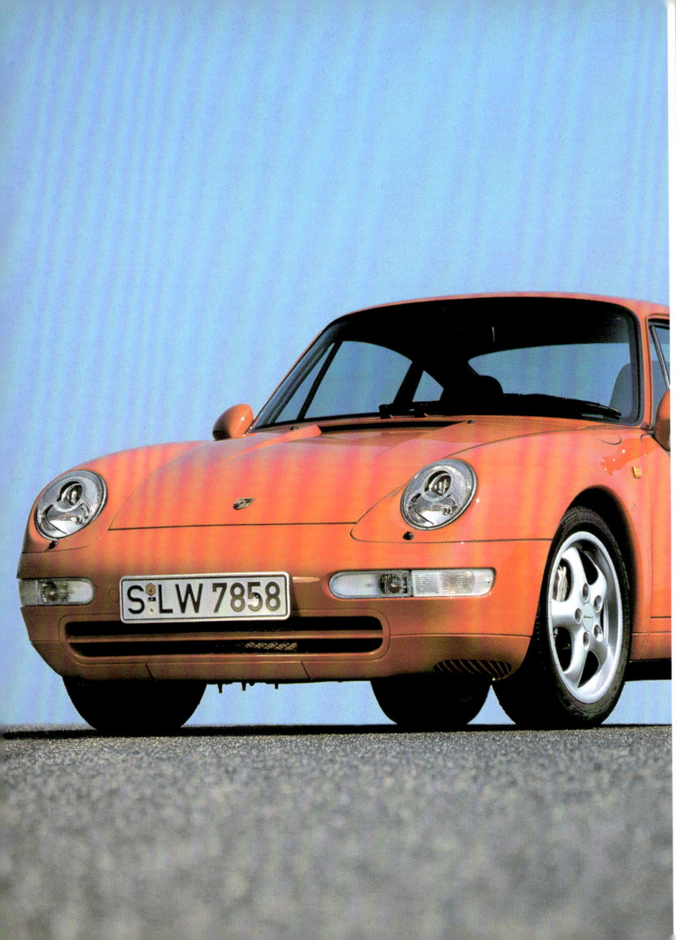
S-LW 7858

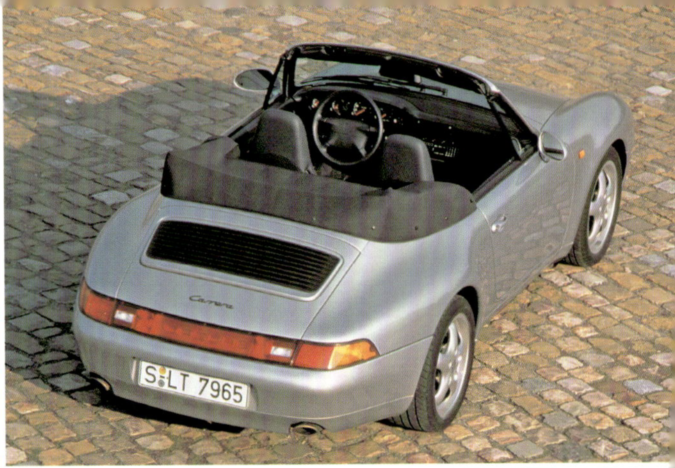
Carrera
S-LT 7965

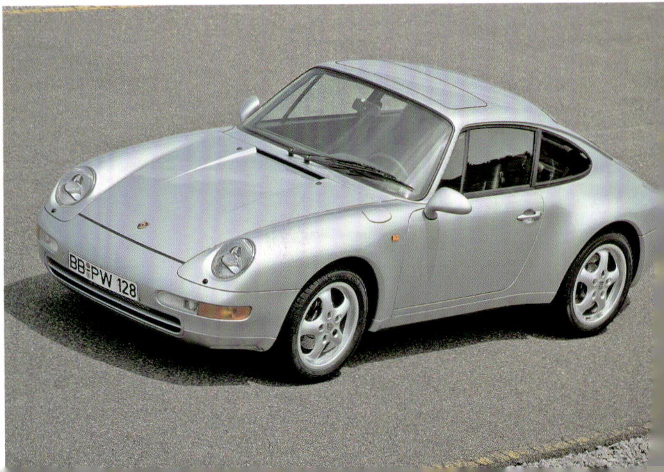
BB-PW 128

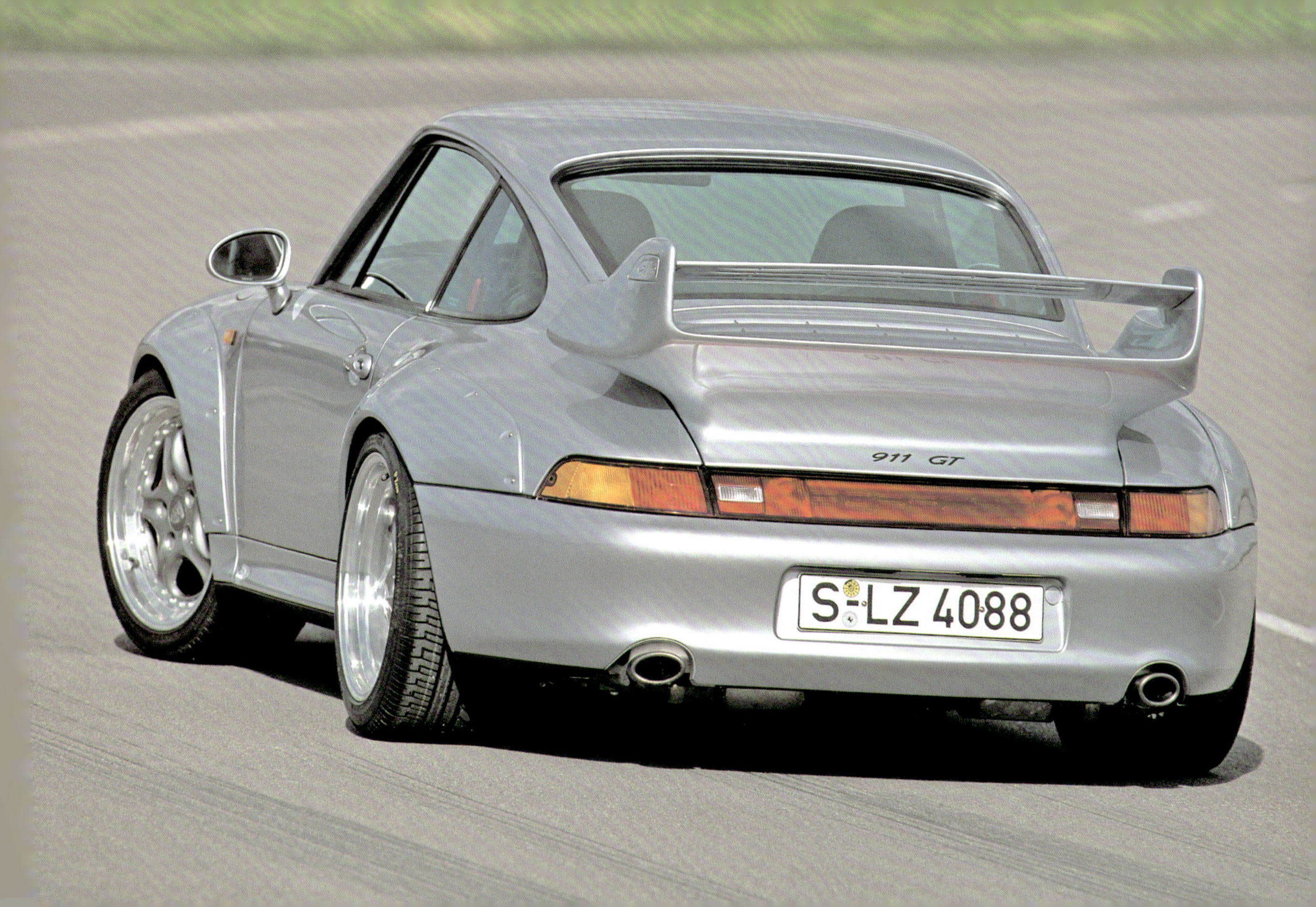
911 GT
S-LZ 4088

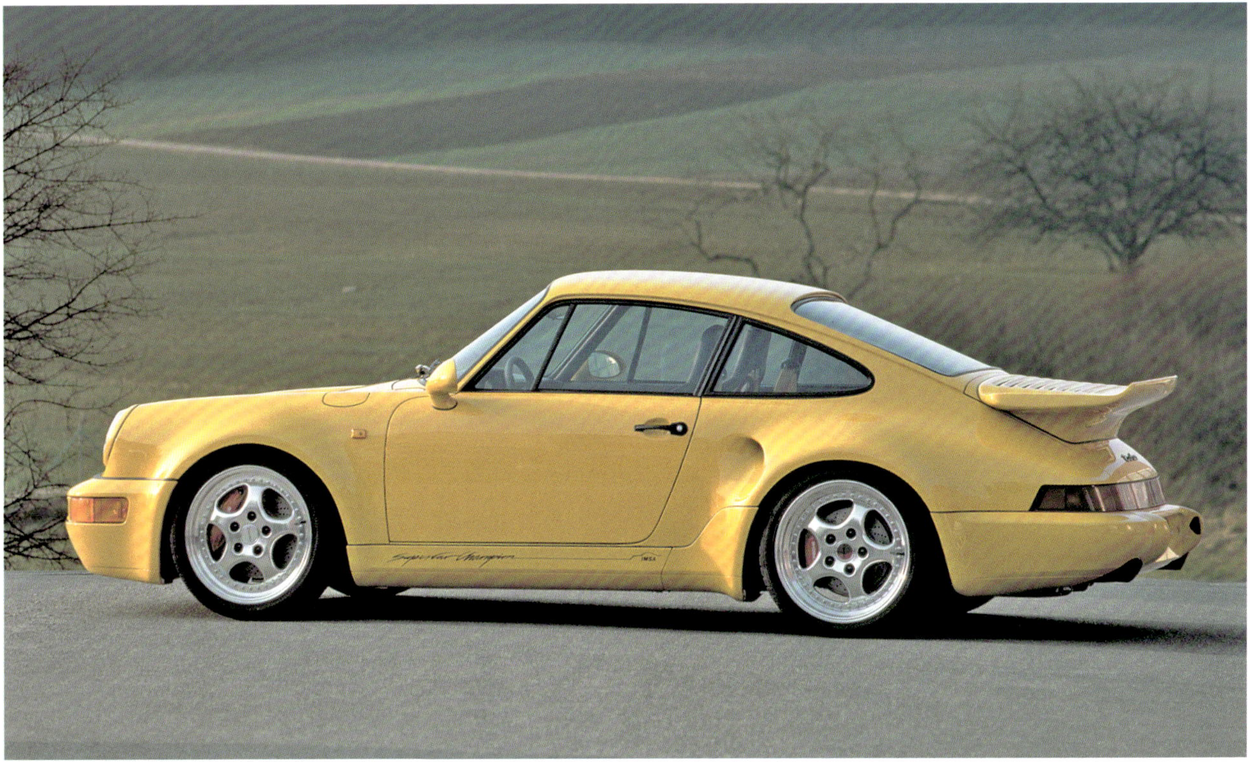

toute la mécanique avait dû être renforcée pour supporter les 260 chevaux qui rugissaient d'une boîte sportive à quatre vitesses.

En 1977, Porsche présenta la 928. La direction de l'entreprise allemande souhaitait qu'elle remplace la 911, reléguée au rang de sportive extrême, beaucoup plus austère et agressive que le nouveau modèle empreint d'élégance. Les versions standard furent éliminées, et comme Model-Year 1978 il ne restait que la 911 Turbo, avec son nouveau moteur 3,3 litres équipé d'un intercooler, qui développait 300 chevaux.

Le modeste succès de la 928 sauva cependant la 911 au moment où son sort semblait scellé. En fait, on décida non seulement de continuer à la produire, mais aussi de renouveler toute la gamme. La première modification significative arriva en 1983 lorsqu'un prototype présenté à l'occasion du Salon de l'automobile de Francfort en 1981, entra en production. C'est ainsi que naquit la 911 Cabriolet, la première version à toit entièrement ouvert de la sportive allemande. L'opération de « réanimation » de la 911 poursuivit son cours avec le lancement à la fin de l'année, comme Model-Year 1984, d'une nouvelle série, radicalement revue et corrigée en termes de mécanique mais inchangée à l'extérieur. Outre la version 3.0 Turbo, la 3.2 Carrera fut également proposée avec trois carrosseries différentes : Coupé, Targa et Cabriolet, toutes équipées du nouveau moteur 231 chevaux. La 911 était prête à af-

In 1977 Porsche introduced the 928. The management of the German company had intended the 928 to replace the 911, which was relegated to a role of pure sports car, much more spartan and aggressive than the new model. The standard versions were abolished, and MY 1978 only included the 911SC, with a 180 hp three-litre engine, and the 911 Turbo, with a new 3.3 litre engine equipped with an intercooler, which developed 300 hp.

The modest success of the 928 however saved the 911 at a time in which its fate was on the line. It was decided not only to continue production, but also to totally renew the range. The first significant change came in 1983, when a prototype that had been shown at the 1981 Frankfurt Motor Show went into production. This was the 911 Cabriolet, the first open-top version of the classic German sports car. The 911 continued to receive a new lease of life with the launch at the end of the year, as MY 1984, of a new series, which had radically updated engines but the same external shape. As well as the 3.0 Turbo, it was also produced in a 3.2 Carrera version, with three different bodies: Coupé, Targa and Cabriolet, all fitted with a new 231 hp engine.

The 911 was now in a position to successfully face up to the 1980s. For the following decade however it was decided to produce a completely new car, the Porsche 964. For commercial reasons, the previous name was main-

fronter les années quatre-vingt. Mais lors de la décennie suivante, la décision fut prise de créer une voiture complètement neuve, la Porsche 964. Pour des raisons commerciales, Porsche préféra conserver le nom précédent et définir un style en harmonie avec l'héritage d'une voiture qui était devenue une véritable icône automobile.

La 911 nouvelle génération fit sa première apparition en 1989. Bien que la carrosserie fut semblable à la version antérieure, avec quelques évolutions pour la rendre plus actuelle comme des pare-chocs intégrés, la mécanique présentait des innovations substantielles. La 964 était initialement disponible en une seule version Carrera 4 à traction intégrale permanente ; la Carrera 2 à traction arrière ne faisant son apparition qu'en 1990. Le moteur quant à lui passait à 3,6 litres de cylindrée, développant ainsi 247 chevaux et, comme alternative à la boîte de vitesses manuelle, la « Tiptronic » automatique était disponible : c'était un système robotisé qui permettait soit une utilisation entièrement automatique soit un changement de vitesse manuel servo-assisté.

La 911 Turbo (la 965) nouvelle génération fut également lancée en 1990 mais le besoin urgent de la mettre sur le marché poussa Porsche à utiliser le moteur précédent de 3,3 litres, tandis que la version suralimentée avec le nouveau 3,6 n'arriva qu'en janvier 1993.

Pendant ce temps, un autre modèle historique réapparut sur le devant de la scène : 1992 vit le lancement de

tained and the future style was defined for a car that had become a true automobile icon.

The new generation 911 made its first appearance in 1989. Although the body was similar to the previous version, it was updated to make the shape more modern with the addition of integrated bumpers, and the car's mechanical components had several major innovations. The 964 was initially available only in Carrera 4 version, with permanent all-wheel drive, while the rear-wheel drive Carrera 2 only arrived in 1990; the engine was increased to 3.6 litres, developing 247 hp, and as an alternative to a manual gearbox, the innovative "Tiptronic" automatic unit was also available: this was an electronic system that allowed both full automatic use as well as a servo-powered manual gear shifting.

The new generation 911 Turbo (the 965) was also launched in 1990, but the urgent need to put it on the market forced Porsche to use the previous 3.3 litre engine, while the turbocharged version of the new 3.6 litre unit only arrived in January 1993.

In the meantime another historic Porsche model was back in fashion; 1992 saw the launch of the 911 Carrera RS 3.6. This car was drastically lightened (it weighed more than 150 kilos less that the Carrera 2) by removing everything that was not required for racing, including rear seats, and it had an aluminum bonnet, thinner windows and

54

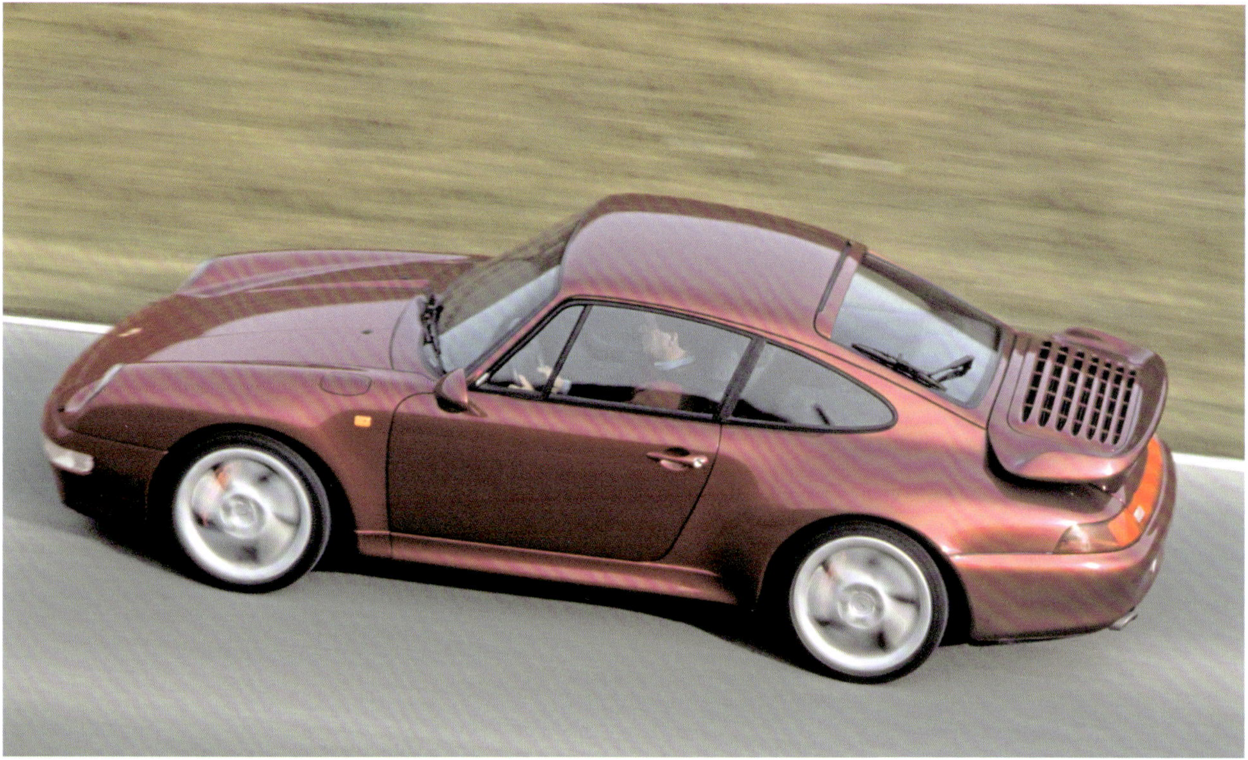

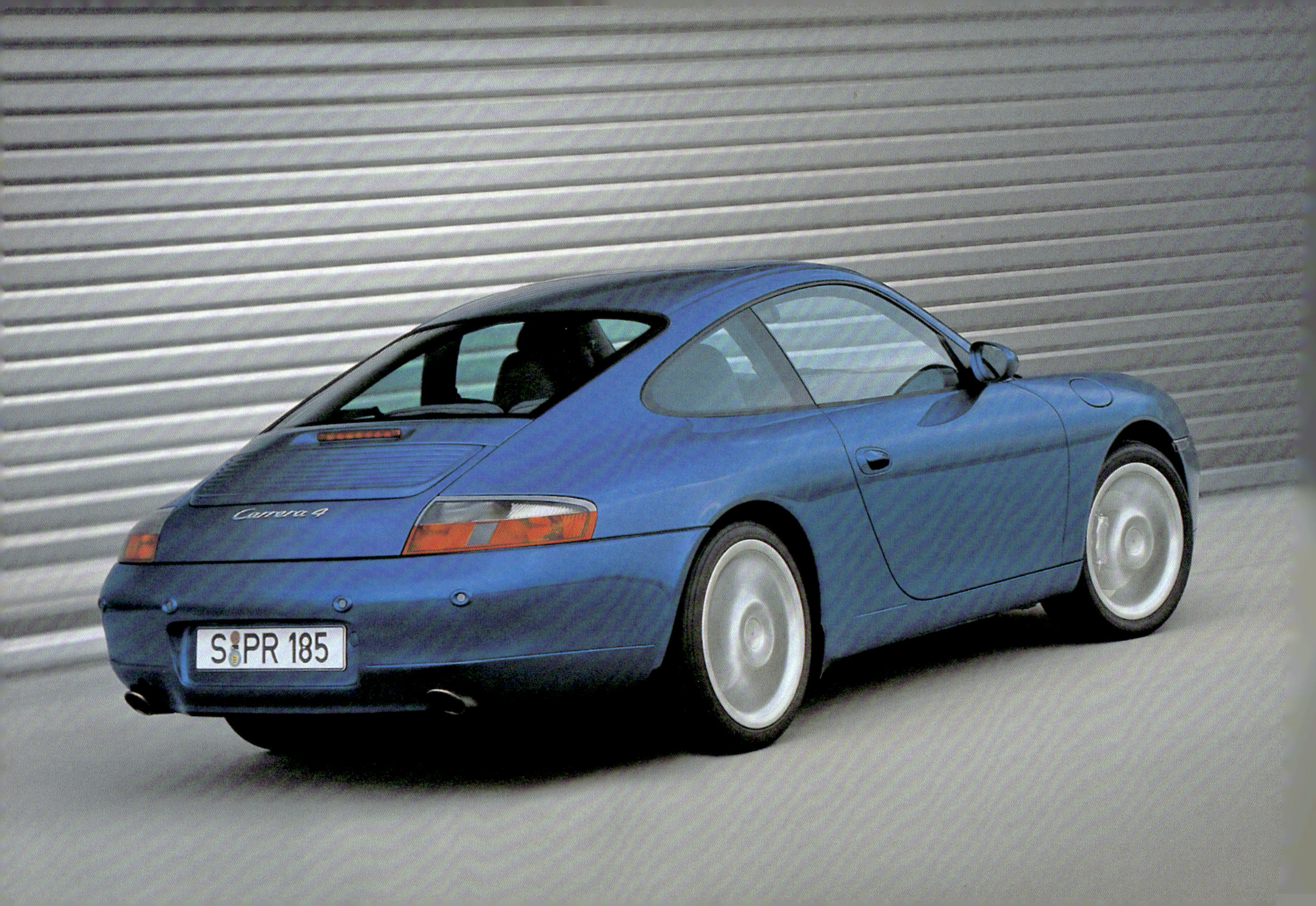
Carrera 4
S PR 185

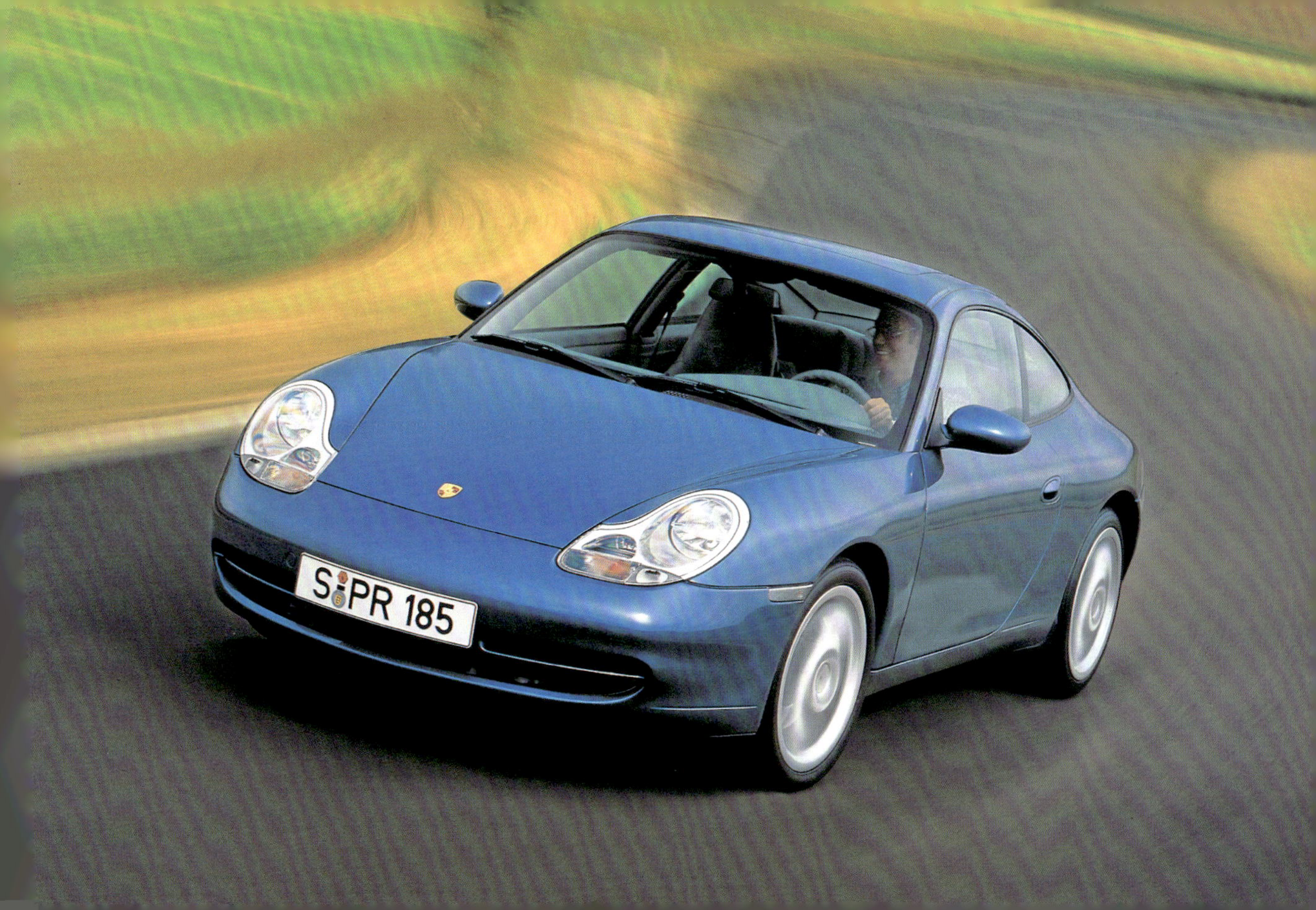
S PR 185

la 911 Carrera RS 3.6. Sérieusement allégée (délestée de plus de 150 kilos par rapport à la Carrera 2) grâce au retrait de tout ce qui n'était pas nécessaire pour les courses, y compris les sièges arrière, dotée d'un capot en aluminium, de vitres plus fines et de roues en magnésium, elle renfermait une version plus puissante du moteur à aspiration naturelle, développant 260 chevaux.

L'évolution consécutive arriva fin 1993 ; c'était un nouveau modèle, la Porsche 993, même si le nom 911 fut une fois encore conservé. Les modifications concernaient essentiellement la mécanique, avec de nouvelles suspensions qui, grâce à une augmentation considérable de la voie arrière, amélioraient la stabilité et facilitaient la conduite, cependant la vitesse maximale ne dépassait pas 270 km/h. De nombreuses améliorations furent apportées à la transmission, tandis que les moteurs furent adaptés à la nouvelle réglementation relative à la réduction des émissions par l'ajout de catalyseurs pour les gaz d'échappement. La 993 offrait une nouvelle approche de la personnalisation en proposant un éventail sans précédent d'options, de finitions, de matières pour l'habitacle et autres détails.

En 1995, Porsche proposa une nouvelle interprétation du concept « Targa », en abandonnant le toit escamotable pour le remplacer par un élément coulissable en verre. La version RS fit également son grand retour avec un nouveau moteur 3,8 litres de 300 chevaux aux

magnesium wheels, as well as a more powerful version of the naturally-aspirated engine that developed 260 hp.

The next evolution came at the end of 1993 and again it was a new model, the Porsche 993, even though the 911 name remained. The changes mainly regarded the chassis, with new suspension that together with a major increase in the rear track made it more stable and easier to drive, despite a top speed of 270 km/h; numerous improvements were made to the transmission, while the engines were modified in compliance with new anti-pollution norms by adopting catalytic converters for exhaust gases as standard. The 993 also offered a new approach to customization, with a never-before-seen variety of optionals, finishes, interior materials and details.

In 1995 the "Targa" concept was reinvented with the removable roof panel being abandoned and replaced by a retractable glass element. The RS version also returned, with a new 300 hp 3.8 litre engine, together with the Turbo, the "4" version of which was Porsche's first-ever four-wheel drive turbo car. Its body, which was widened even more, was then to be used for the naturally-aspirated "4S" version in 1996 and the "2S" in 1997.

For enthusiasts of extreme machines, the RS made way for the 911 Carrera GT2, a direct descendant of the GT1 that raced at Le Mans and suitably modified for road use. It was basically a Porsche Turbo with rear-wheel drive,

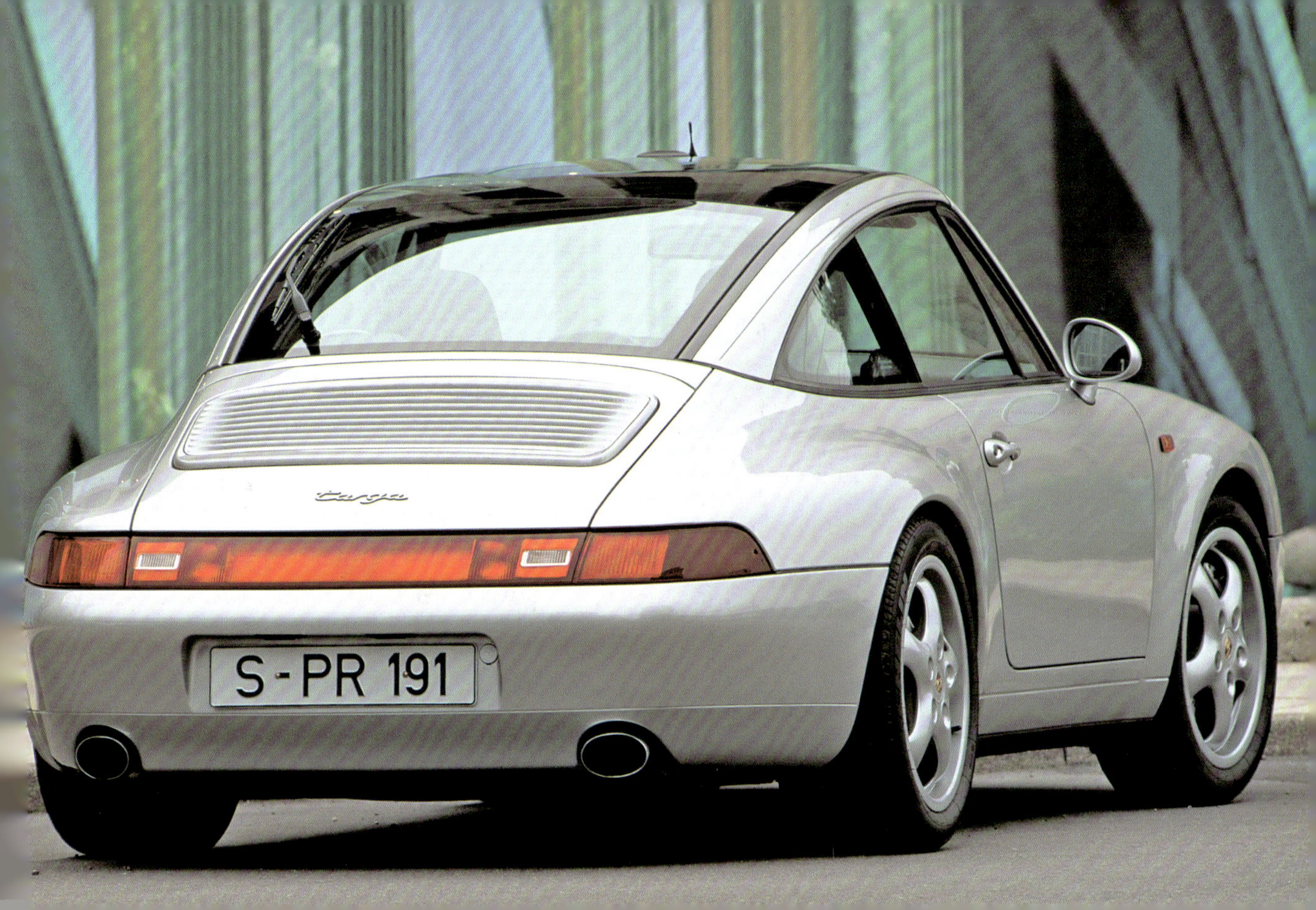
targa
S-PR 191

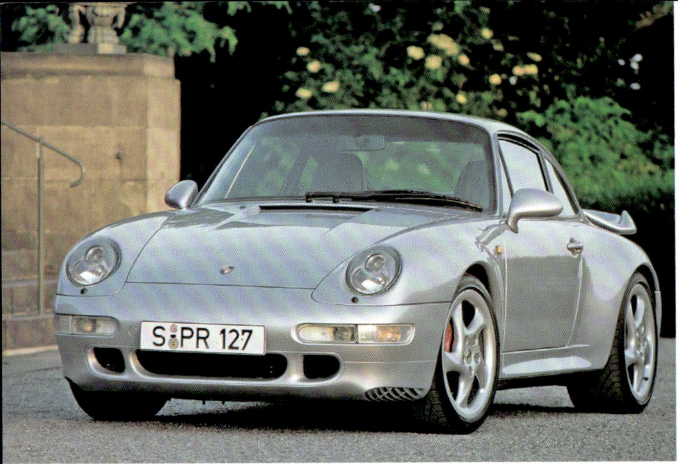
S PR 127

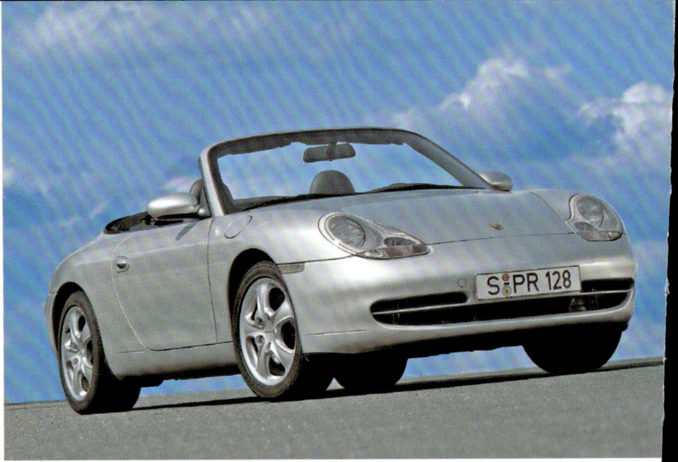
S PR 128

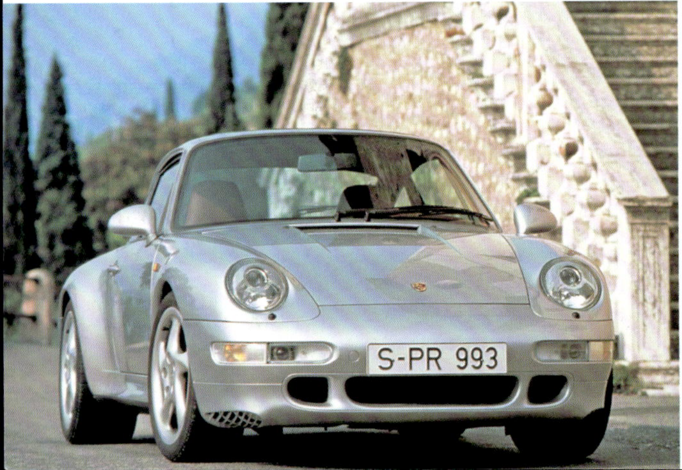
S-PR 993

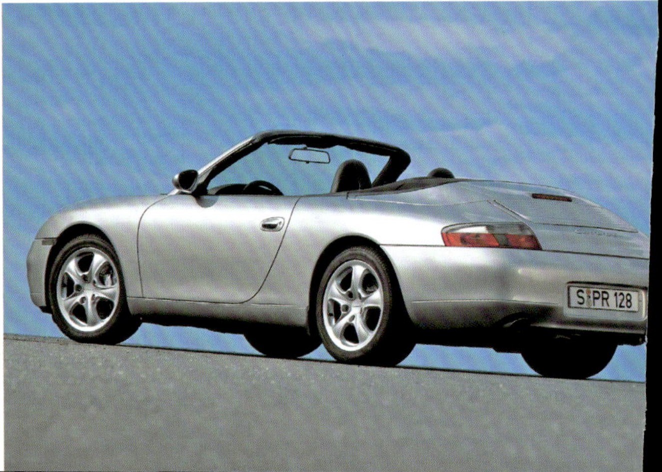
S PR 128

côtés de la Turbo, dont la version « 4 » était la première Porsche suralimentée à quatre roues motrices. Sa carrosserie, encore élargie, allait être utilisée pour la version à aspiration naturelle « 4S » de 1996 et la « 2S » de 1997.

Pour les amoureux des voitures de l'extrême, la RS céda sa place à la 911 Carrera GT2, descendante directe de la GT1 qui avait couru au Mans, adaptée pour circuler sur route. C'était une Porsche turbo à traction arrière, allégée et boostée à 430 chevaux (puis 450, avec le double allumage). Pour la génération suivante, il fallait en faire encore plus, surtout pour le moteur à refroidissement par air, impossible à améliorer davantage. 1998 fut donc l'année de création de la Porsche 996, qui conserva le nom de 911, et dont l'allure changeait radicalement par rapport aux anciennes tout en conservant les caractéristiques de la Porsche classique.

La nouveauté majeure était le moteur, qui pour la première fois, était refroidi par liquide. L'architecture boxer six cylindres fut conservée et pour la première version à aspiration naturelle, la cylindrée était de 3,4 litres avec une puissance de 300 chevaux. La 996 était disponible en traction arrière ou quatre roues motrices, en version Coupé ou Cabriolet. Ce n'est qu'en 2000 que les versions Turbo vinrent s'ajouter à la gamme, avec un nouveau moteur 3,6 litres 415 chevaux ; la plus grosse cylindrée s'étendrait aux modèles à aspiration naturelle en 2002.

lightened and boosted to 430 hp (later 450 hp, with Twin Spark). For the next generation however something extra was required, in particular for the air-cooled engine, which was becoming impossible to modify even further. 1998 therefore saw the creation of the Porsche 996, which retained the 911 name, and which had a radically renewed appearance with respect to the previous generations, albeit maintaining the characteristic features of this classic Porsche model.

The main change was the new engine, which for the first time ever, was water-cooled. The six-cylinder 'boxer' configuration remained, and in the first naturally-aspirated version, the engine size was 3.4 litres with a power output of 300 hp. The 996 was available with rear-wheel or four-wheel drive, in Coupé and Cabriolet versions. Only in 2000 were the Turbo versions added to the range, with a new 415 hp 3.6 litre engine; the larger engine would then be extended to the naturally-aspirated models in 2002.

In 1999 however the 911 Carrera GT3 was available in a high-performance version, suitable for road use or club racing, in preparation for the GT2, which would go on sale from 2001 onwards; one with a naturally-aspirated engine, the other turbocharged, developing respectively 360 and 462 hp and with a top speed of 300 and 315 km/h. The final generation of the 911 in chronological order was the 997, which was launched in the summer of 2004.

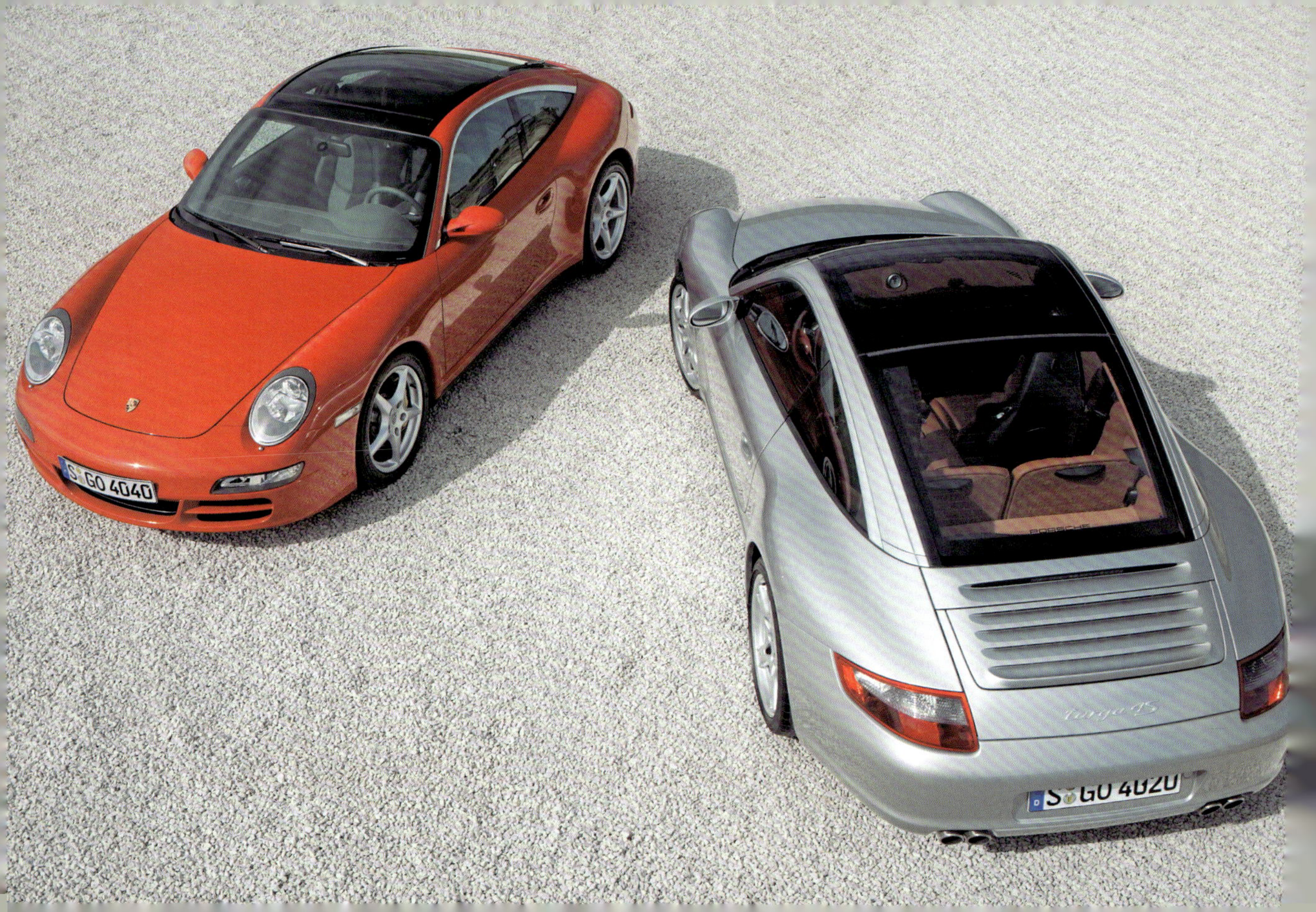
S GO 4040
S GO 4020

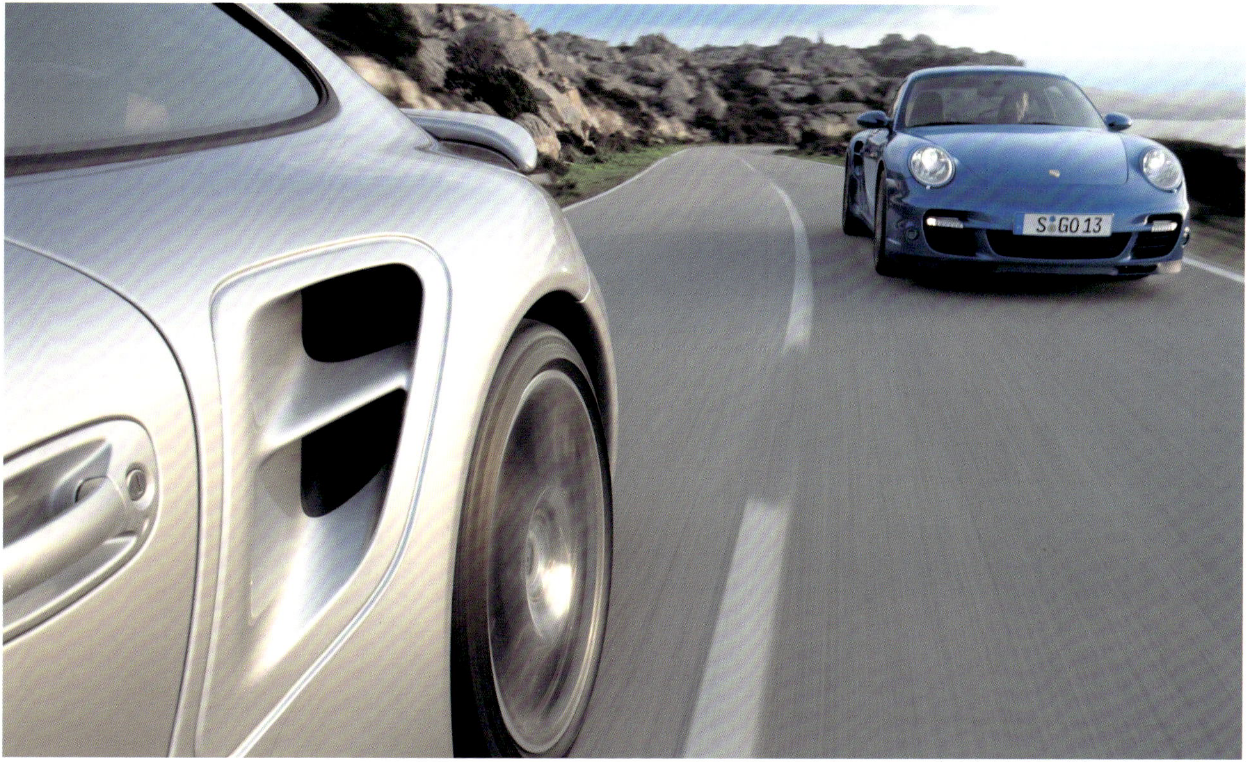
S GO 13

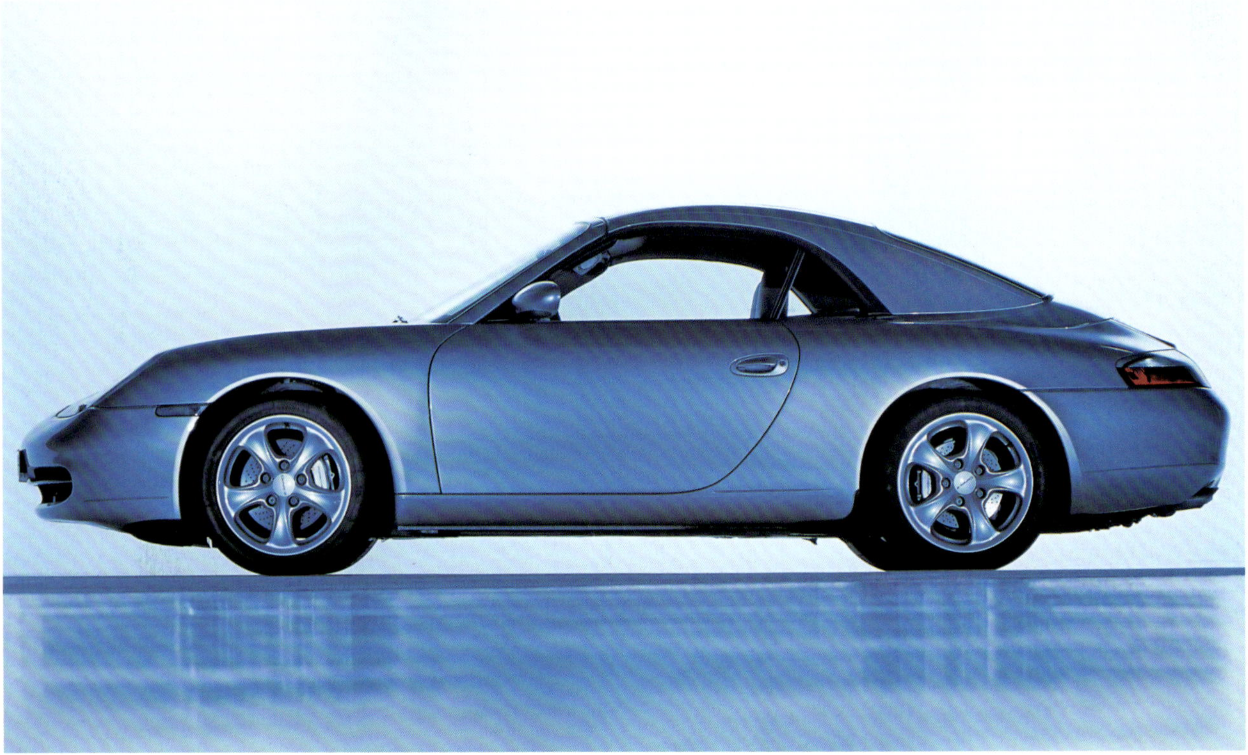

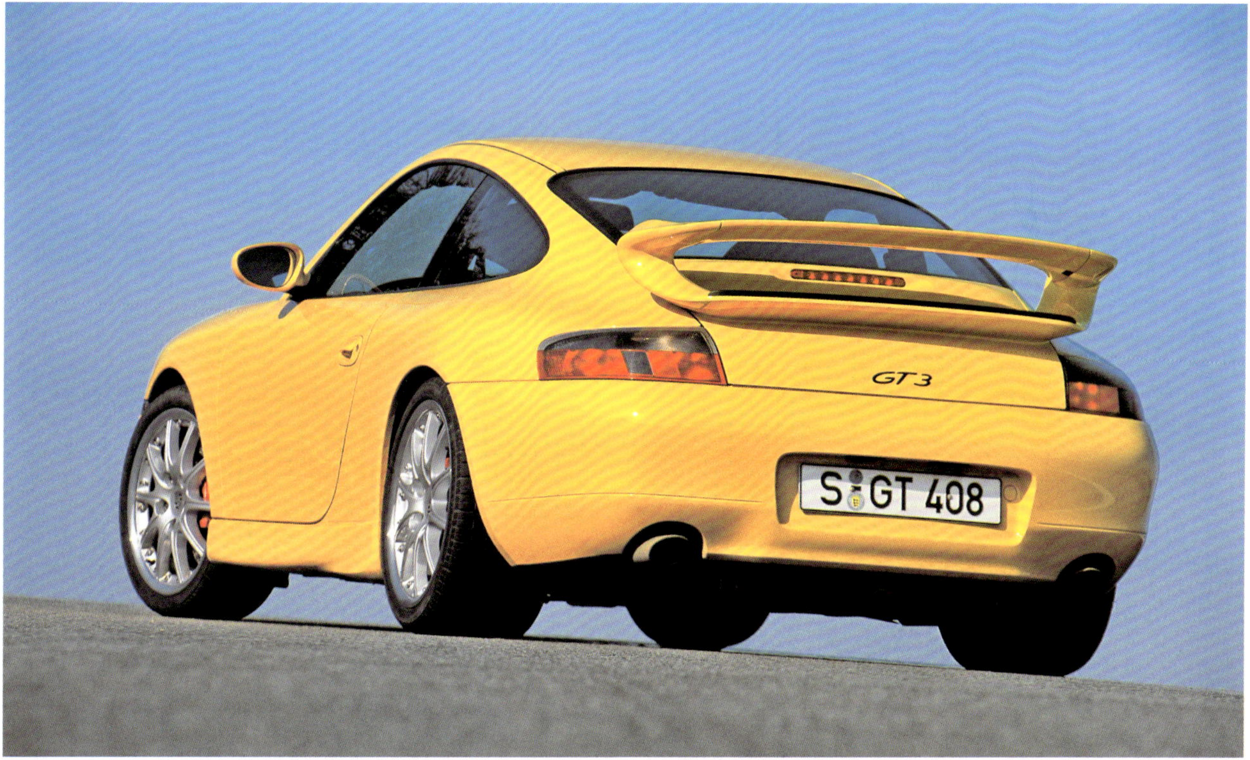
GT3
S GT 408

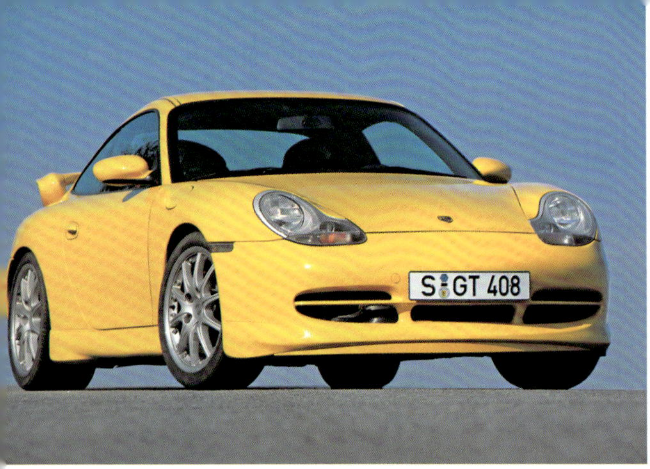
S GT 408

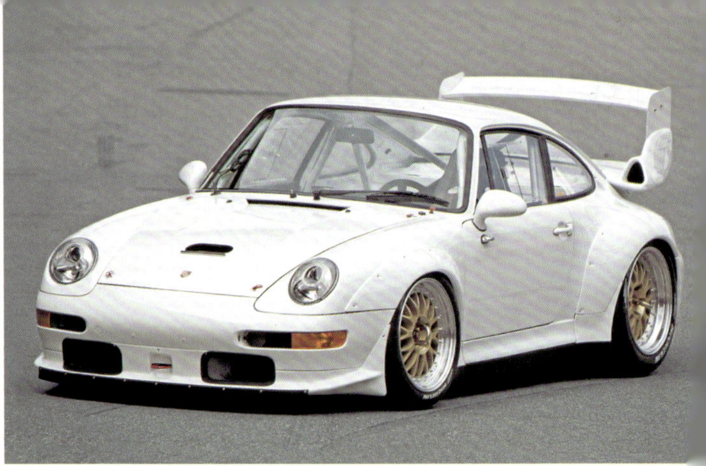

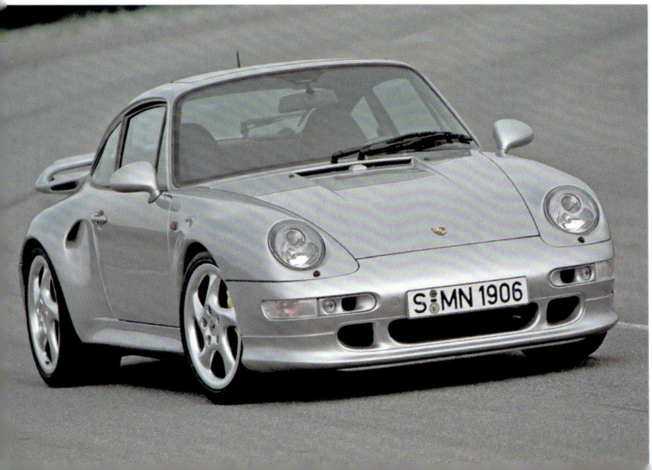
S MN 1906

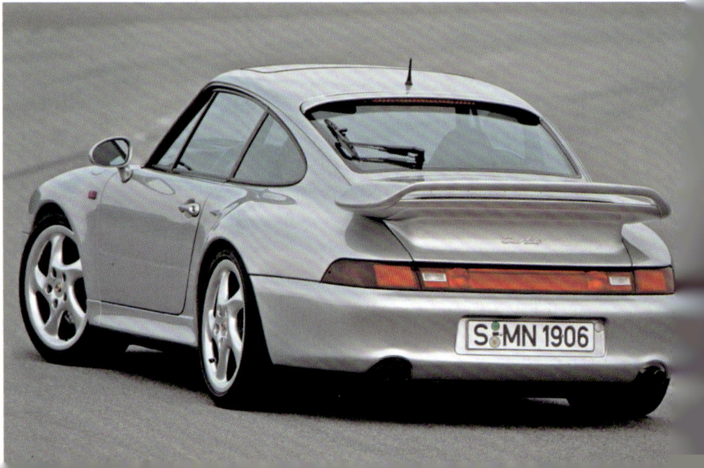
S MN 1906

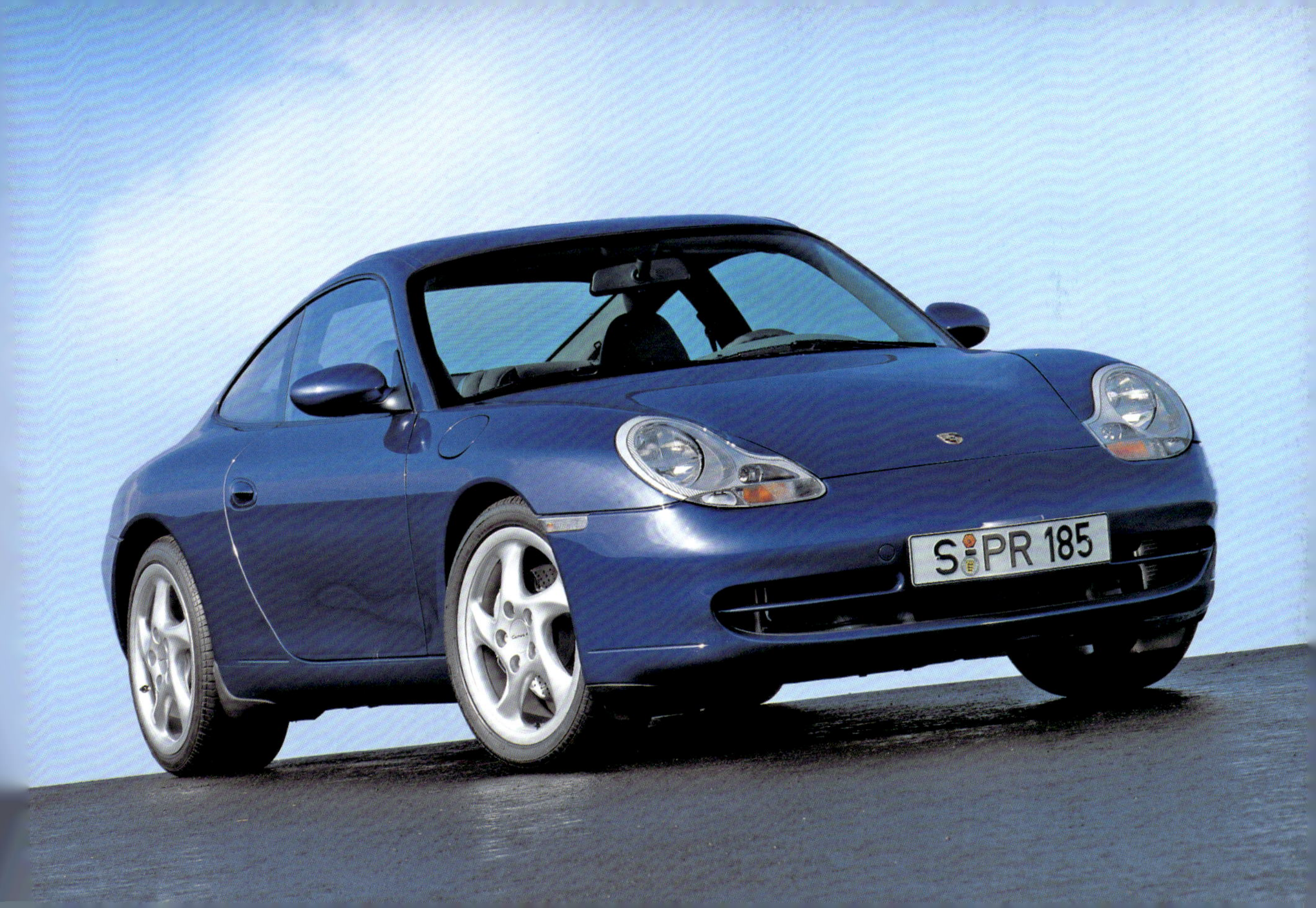
S-PR 185

Après la 993 en 1993,
la 996 en 2000 fut
la troisième génération
de la Porsche 911.
Ici, une version Turbo Coupé.

*After the 993 in 1993,
the 996 in 2000 was
the third generation
of Porsche 911.
Here alongside is a Turbo
version of the coupé.*

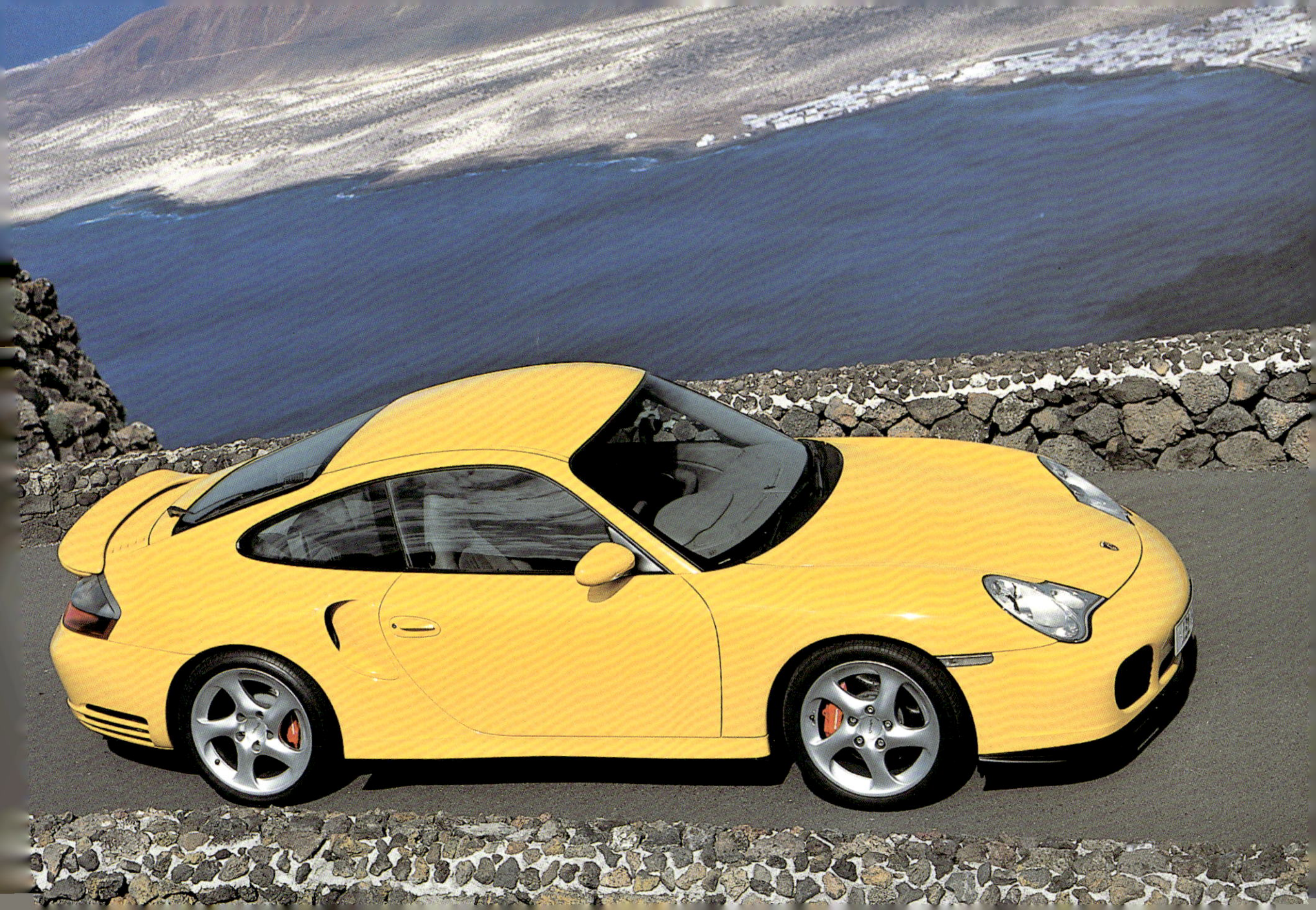

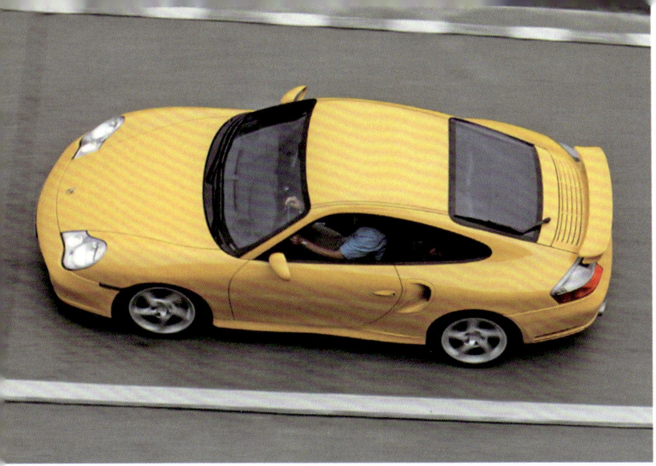

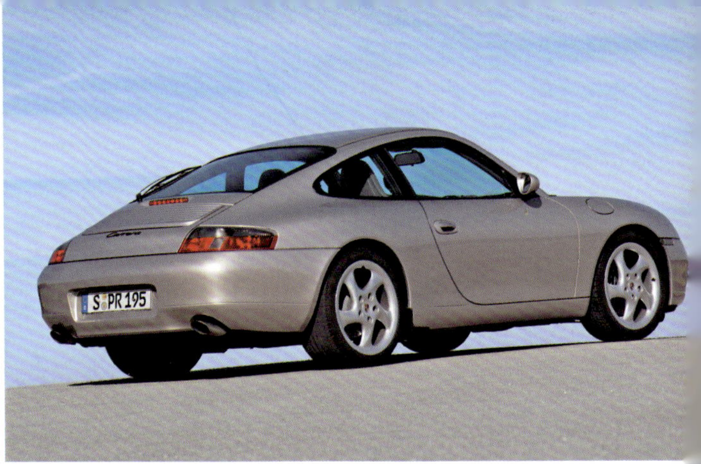
S PR 195

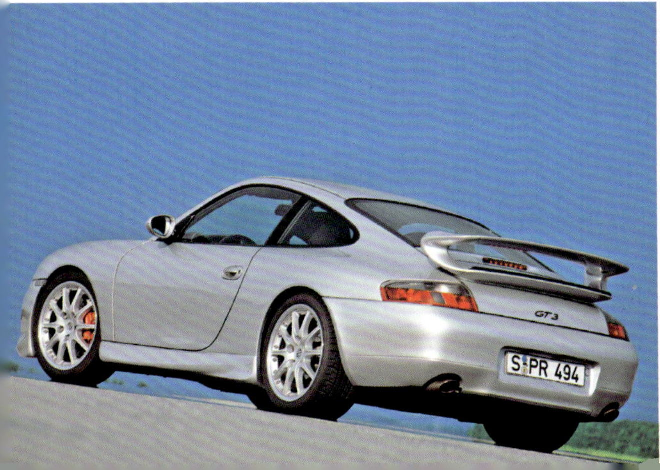
GT3
S PR 494

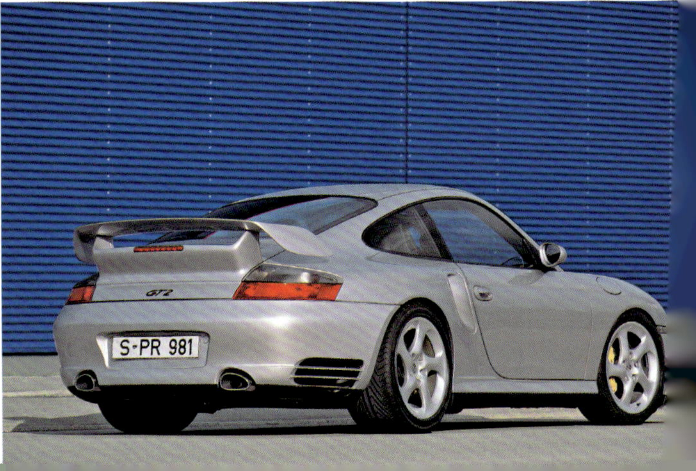
GT2
S-PR 981

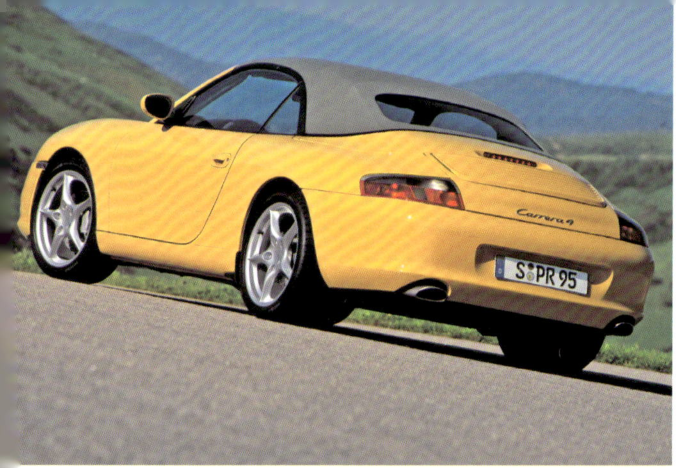
S PR 95
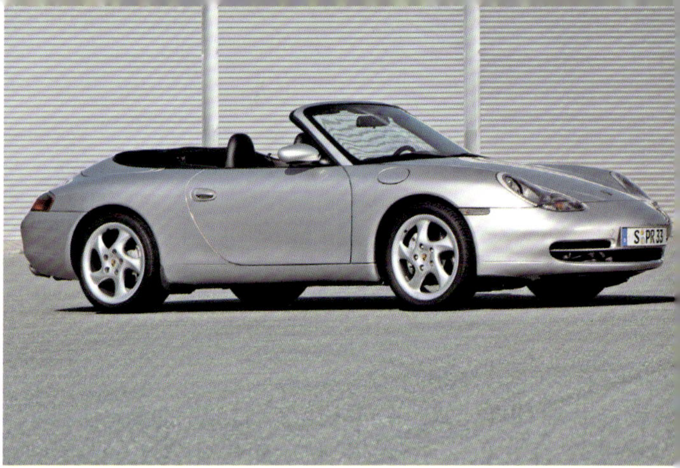
S PR 33
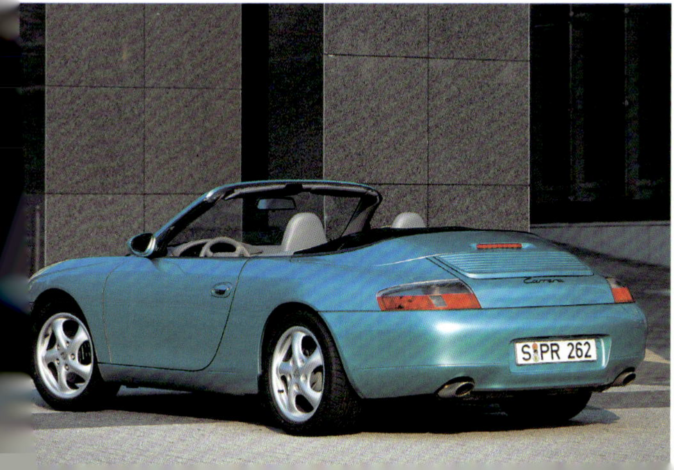
S PR 262
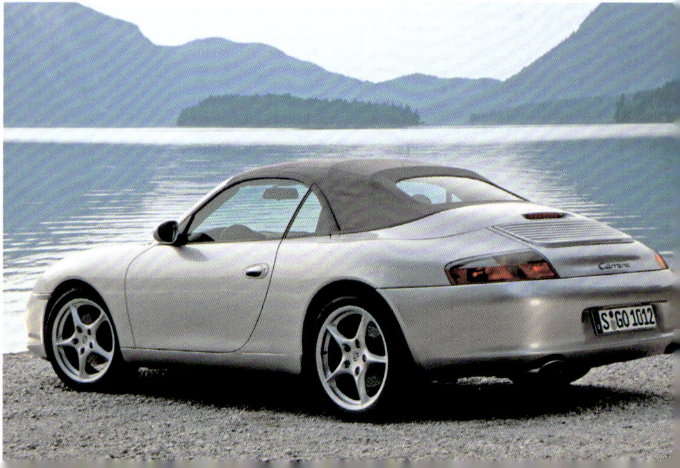
S GO 1012

En 1999, fut proposée comme version très sportive, adaptée à la conduite sur route ou en club, la 911 Carrera GT3, en préparation de la GT2, qui serait mise sur le marché à partir de 2001 ; l'une avec un moteur à aspiration naturelle, l'autre avec un turbocompresseur, développant respectivement 360 et 462 chevaux et pouvant atteindre 300 et 315 km/h.

La dernière génération de la 911, dans l'ordre chronologique, fut la 997, lancée en été 2004.

La carrosserie était le résultat d'un léger relooking, dont le trait le plus évident était le retour des phares ovales, abandonnant la version « œuf au plat » de la 996 et de la Boxster. Le moteur quant à lui restait le même que sur la version précédente 3,6 litres, auquel vint s'ajouter la version 3,8 litres et 360 chevaux de la Carrera S.

Les versions « 4 » et « 4S » à traction intégrale furent ajoutées à la gamme l'année suivante, tandis que la 997 Turbo fit ses débuts au Salon de l'automobile de Genève en mars 2006, équipée de turbocompresseurs à géométrie variable qui portaient la puissance à 480 chevaux. Sans oublier, naturellement, les versions supersportives. En 2007, la GT3 avec son moteur à aspiration normale de 415 chevaux et la nouvelle GT2 avec son moteur biturbo de 530 chevaux. La légende continue.

The body was the result of a minor overall restyling, the most evident feature of which was a return to oval headlights, abandoning the 'fried egg' versions of the 996 and the Boxster. The engine remained the same as the previous 3.6 litre version, and was joined by a new 360 hp 3.8 version for the Carrera S.

The "4" and the "4S" four-wheel drive versions were added to the range the following year, while the 997 Turbo only made its debut at the Geneva Motor Show in March 2006, equipped with twin variable-geometry turbochargers that took power output up to 480 hp. There were of course a couple of even more extreme versions. In 2007 GT3 with a normally-aspirated 415 hp engine and the new GT2 with a twin-turbo 530 hp engine went on sale. The legend continues.

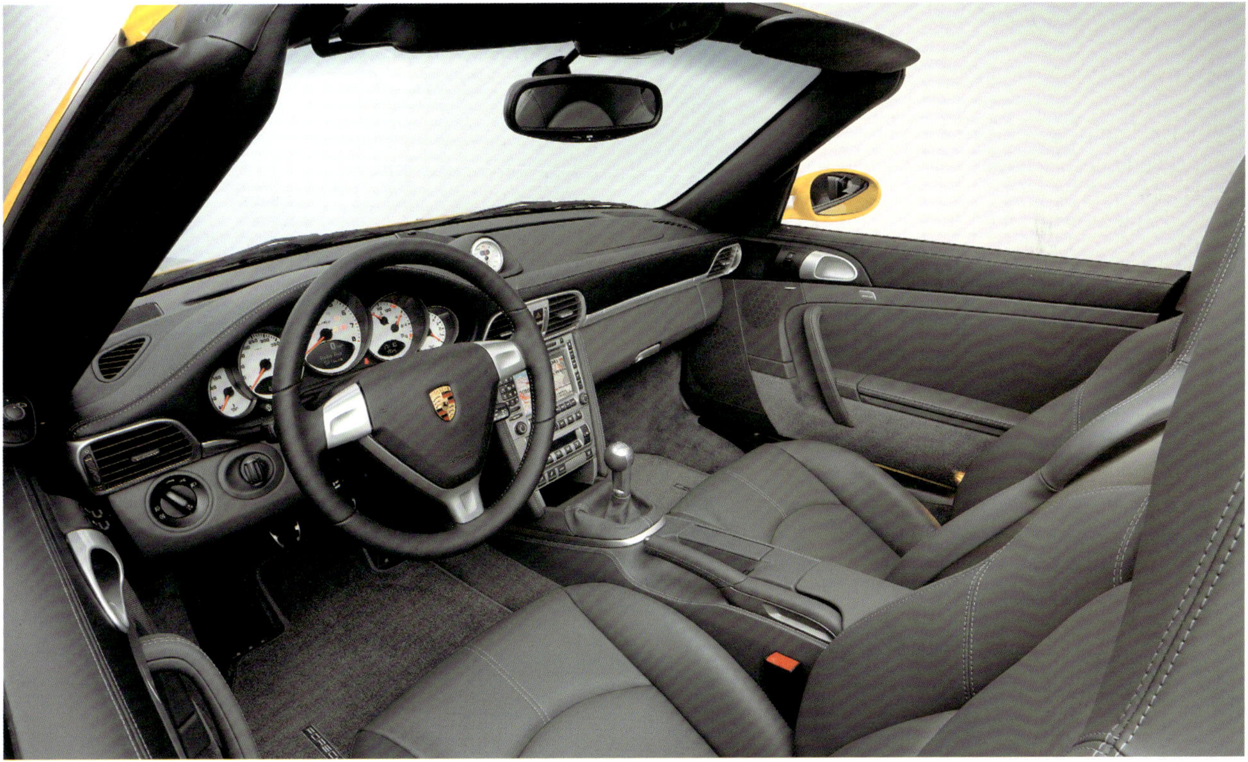

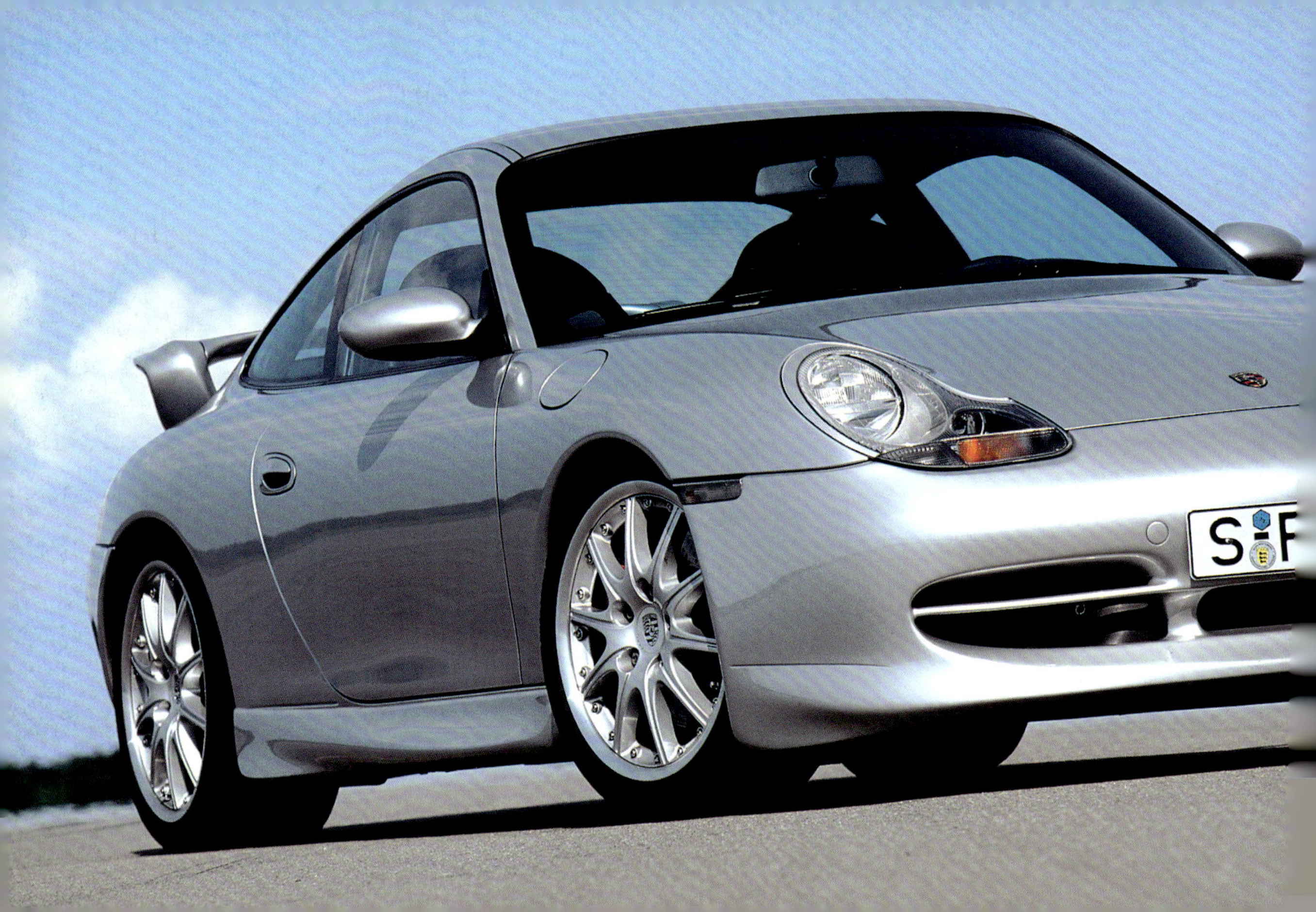

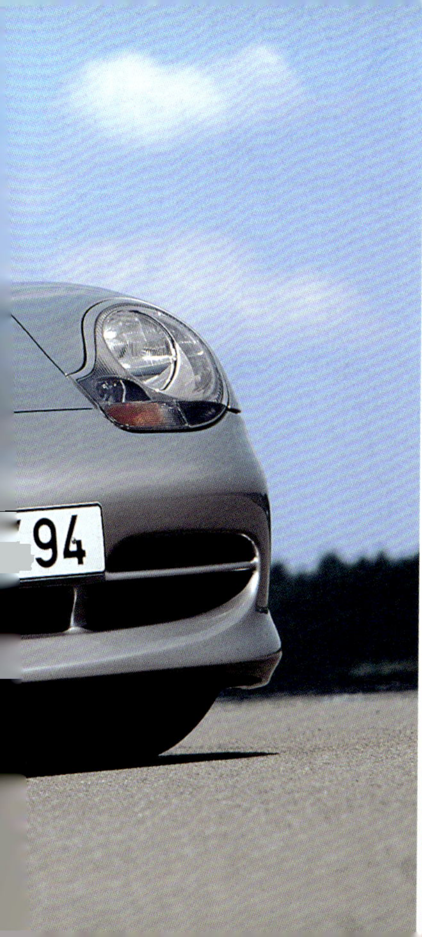
94

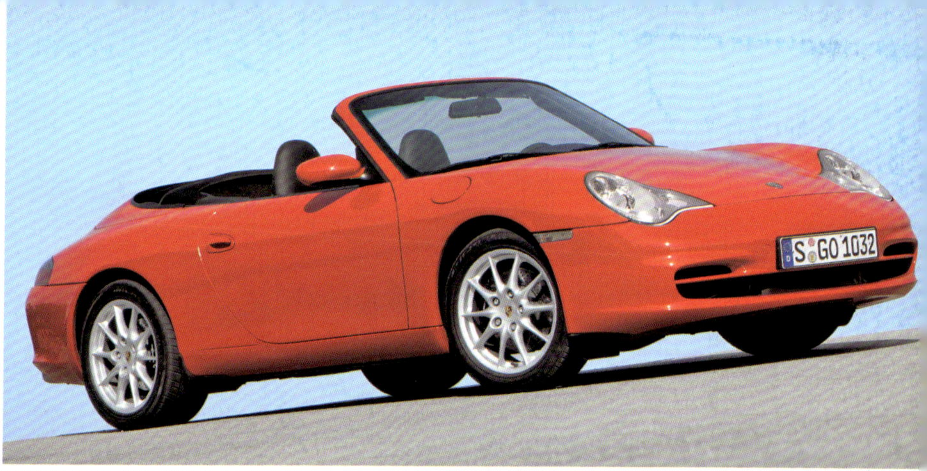
S GO 1032

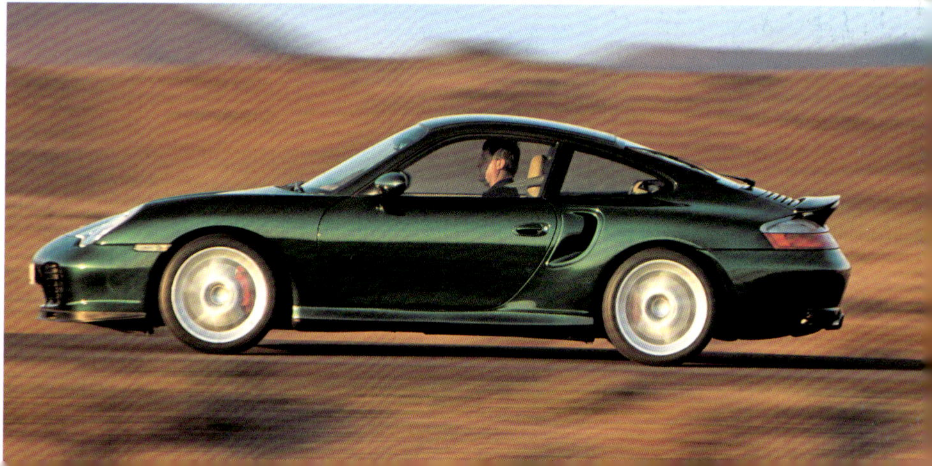

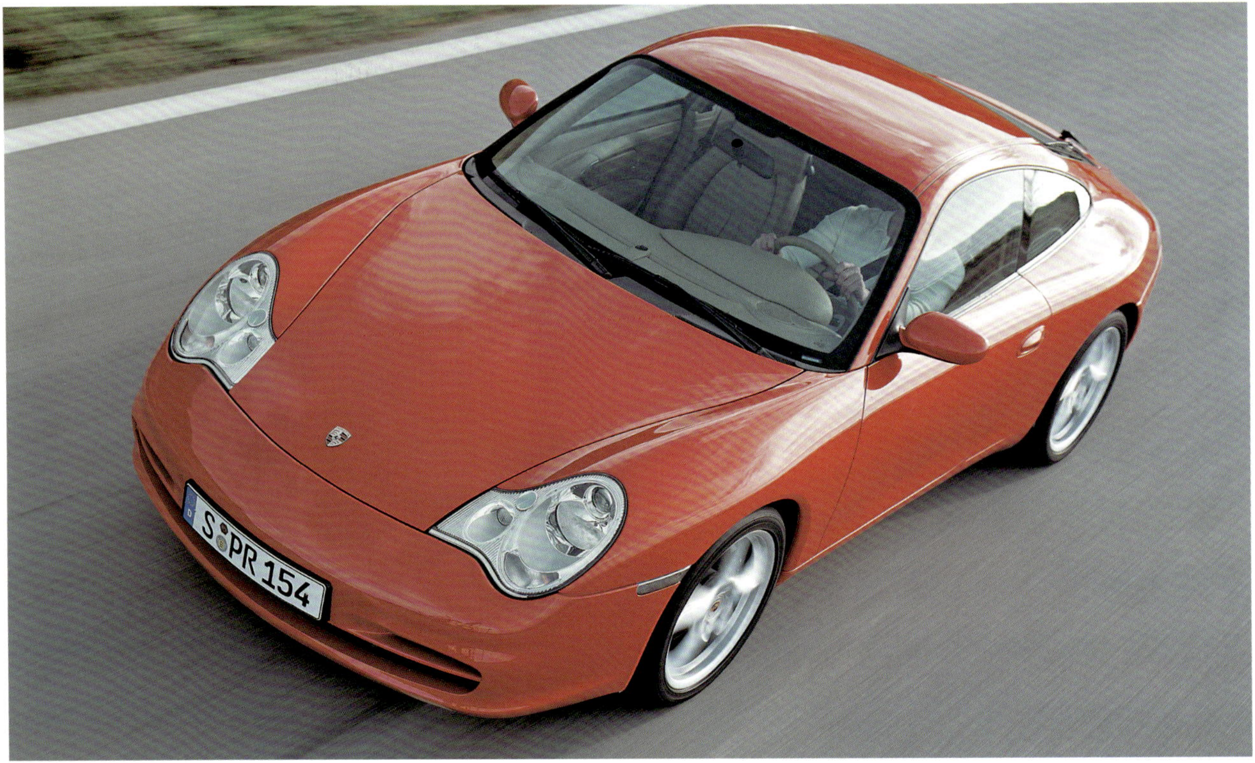
S PR 154

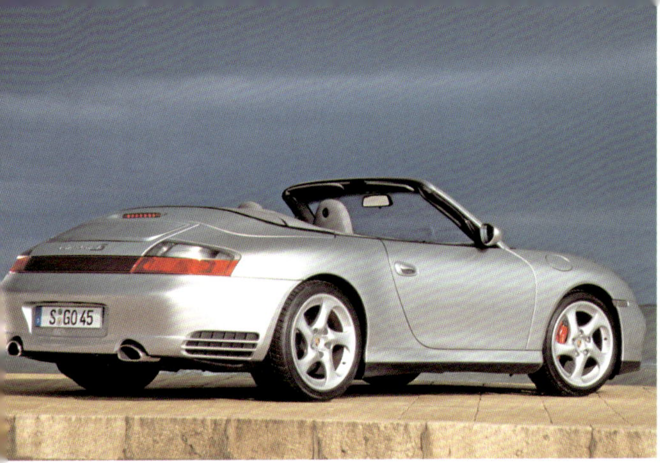
S GO 45

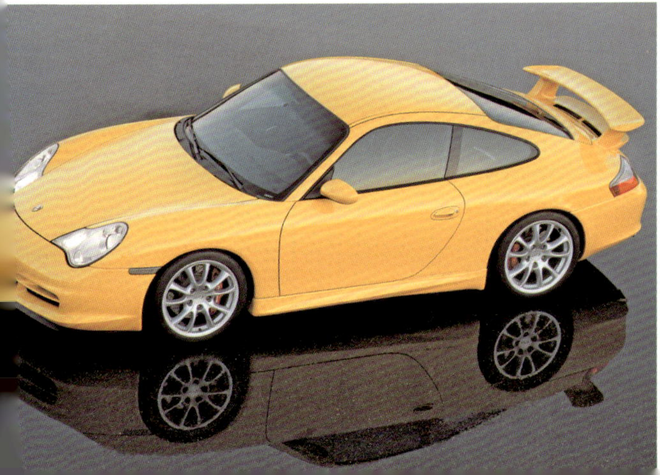

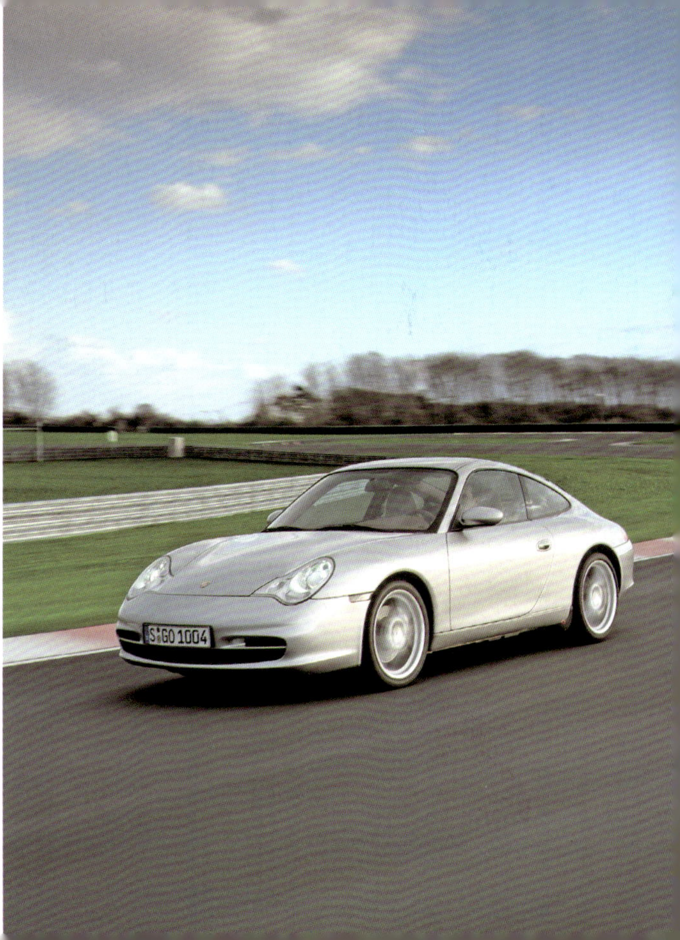
S GO 1004

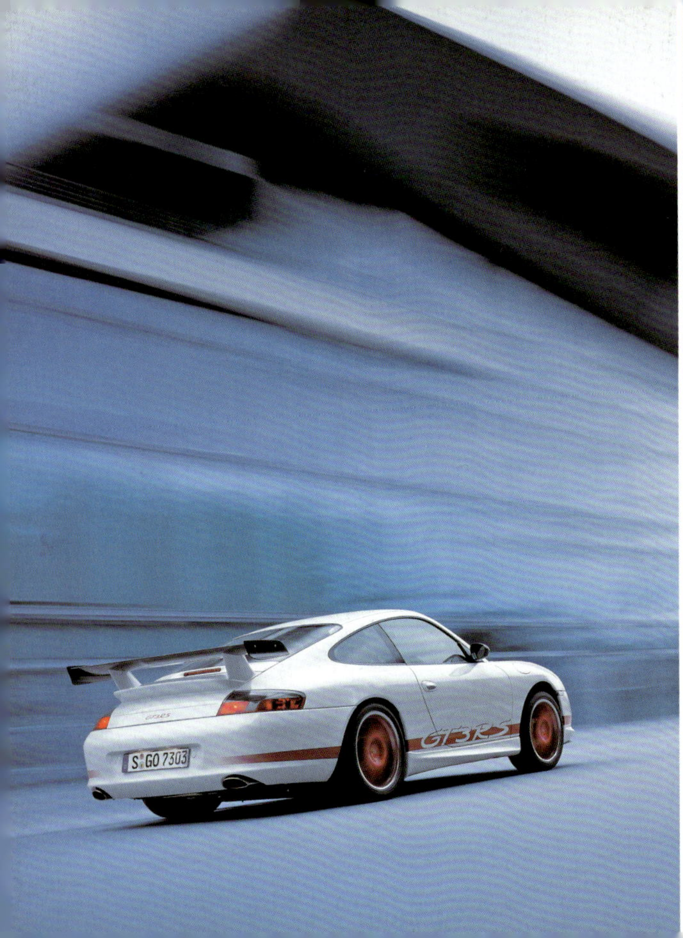
GT3RS
S GO 7303

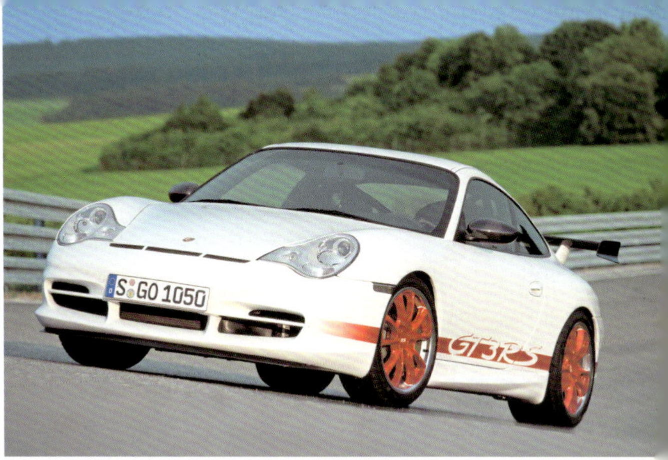
S GO 1050
GT3RS

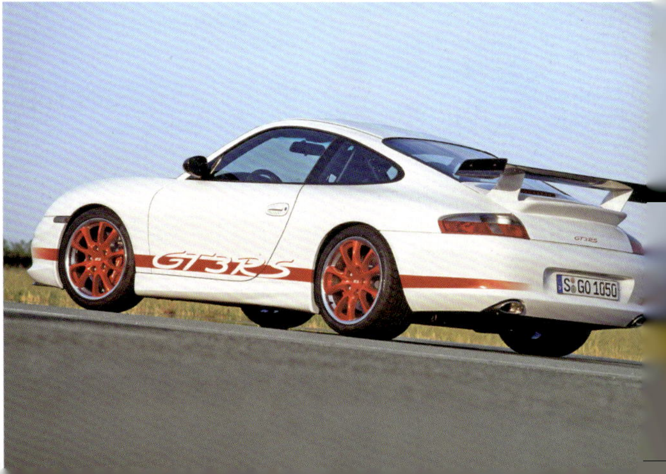
GT3RS
S GO 1050

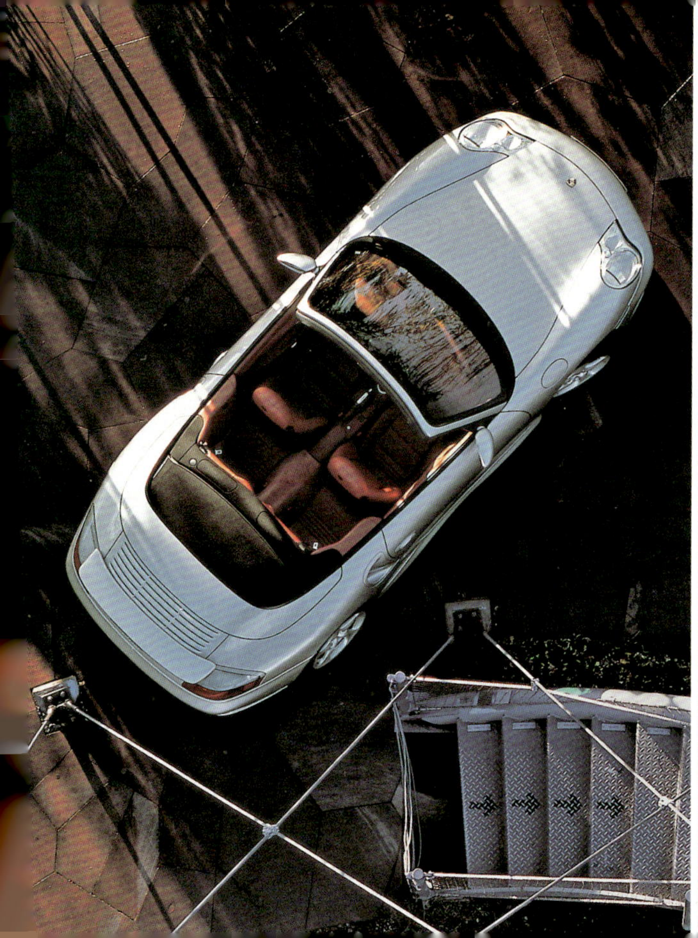

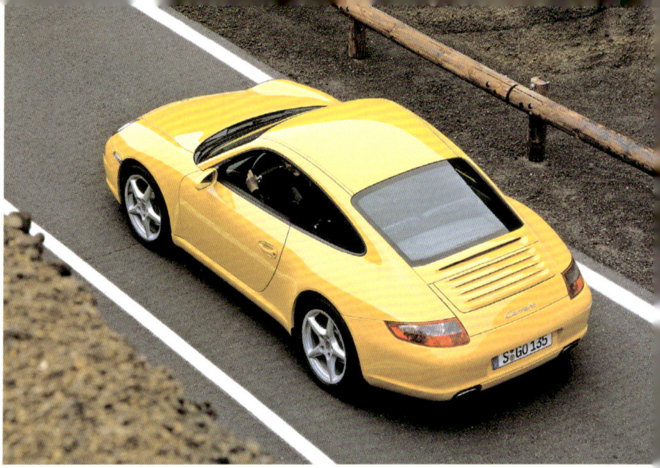
S GO 135

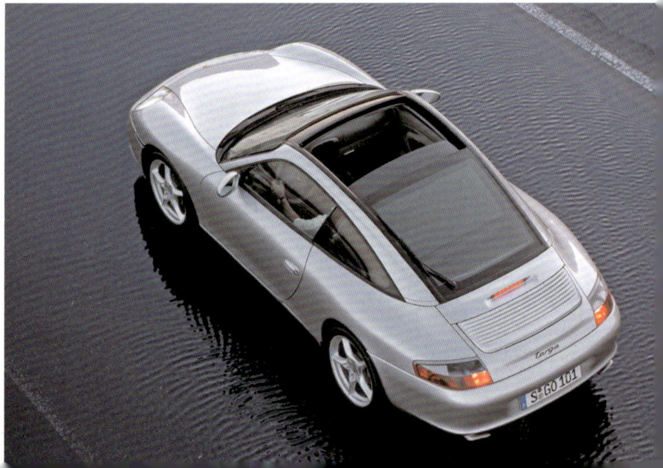
S GO 101

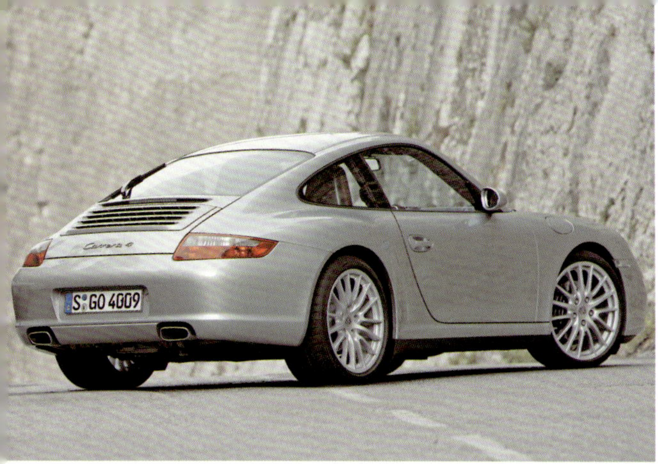
S GO 4009
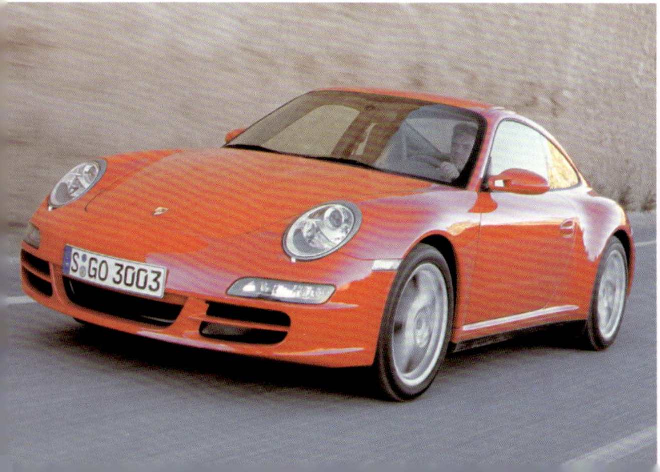
S GO 3003
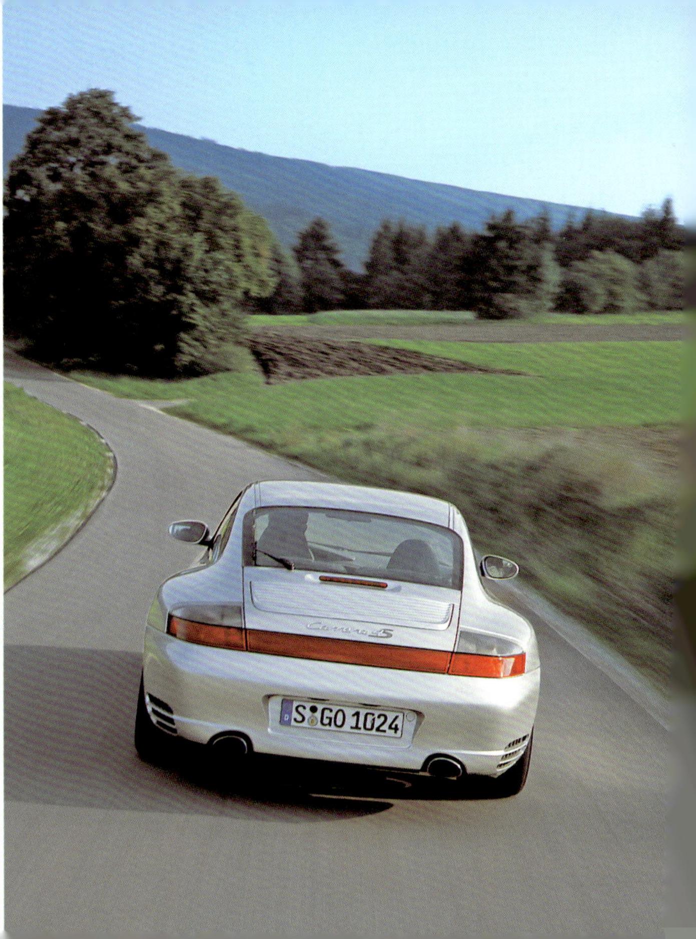
S GO 1024

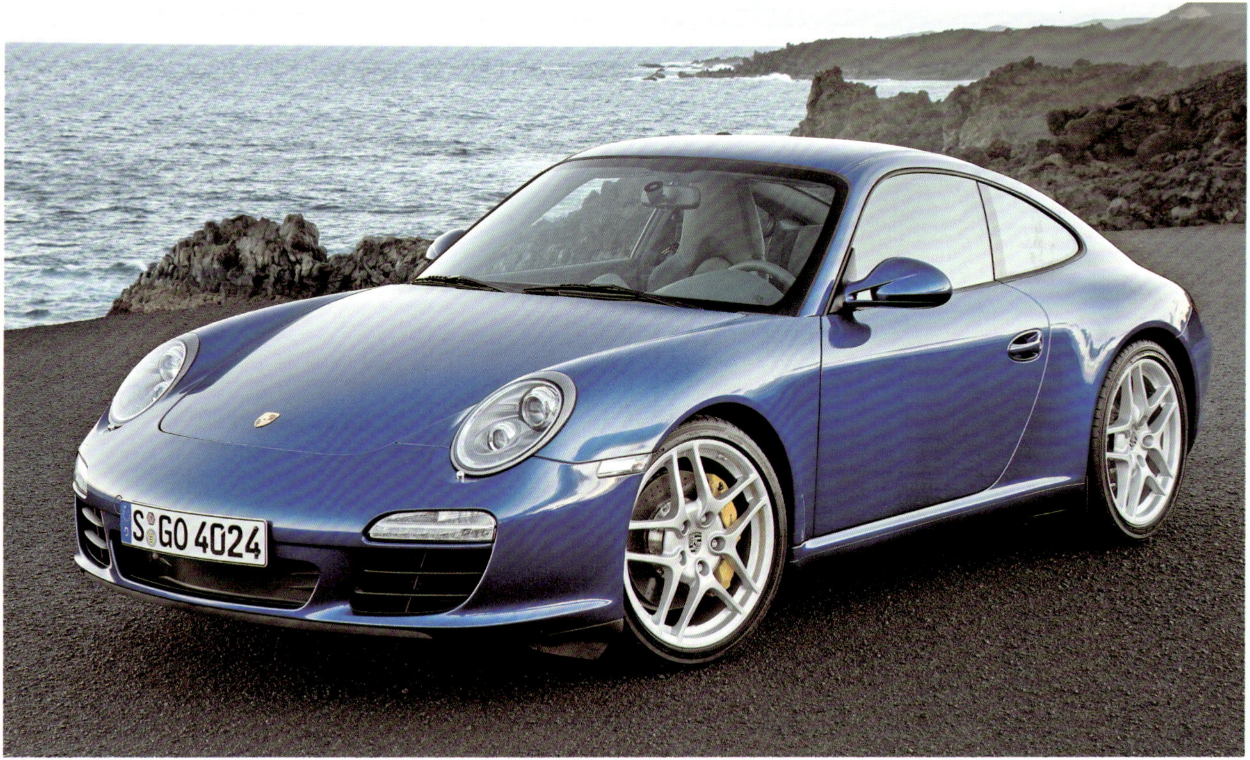
S GO 4024

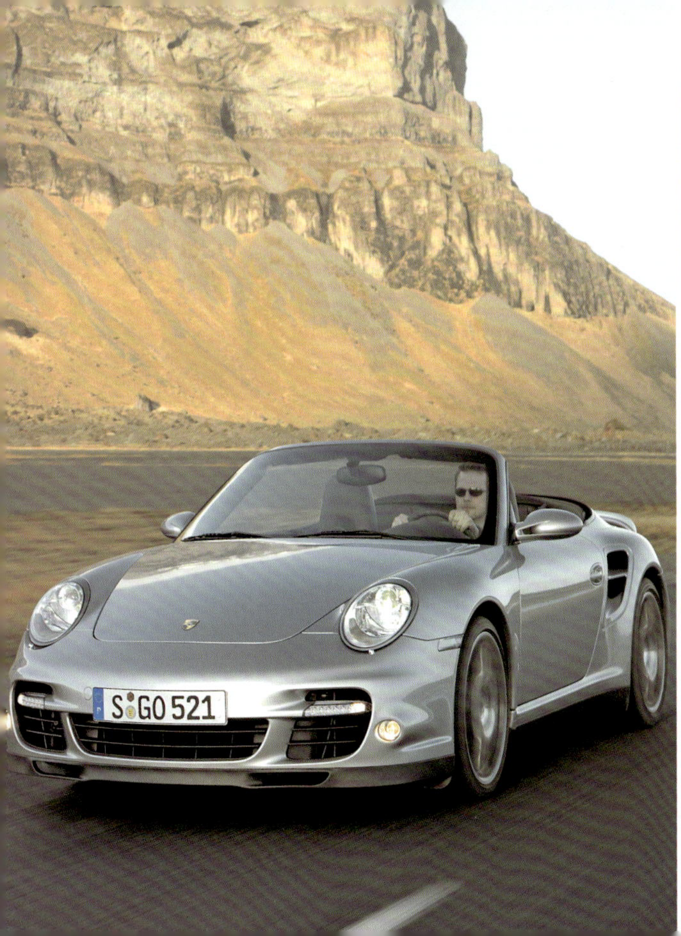
S GO 521
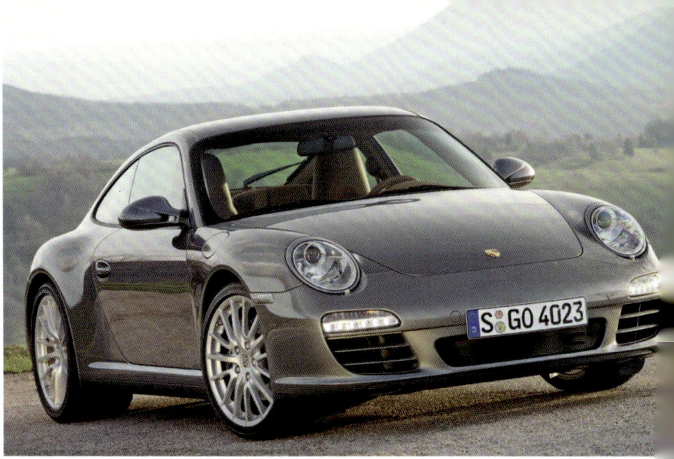
S GO 4023
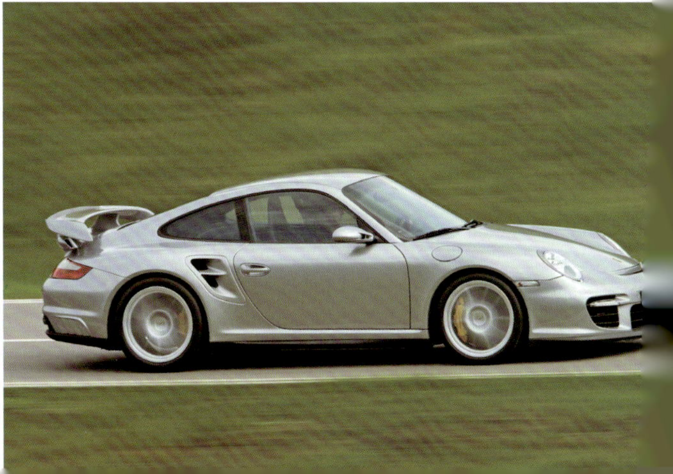

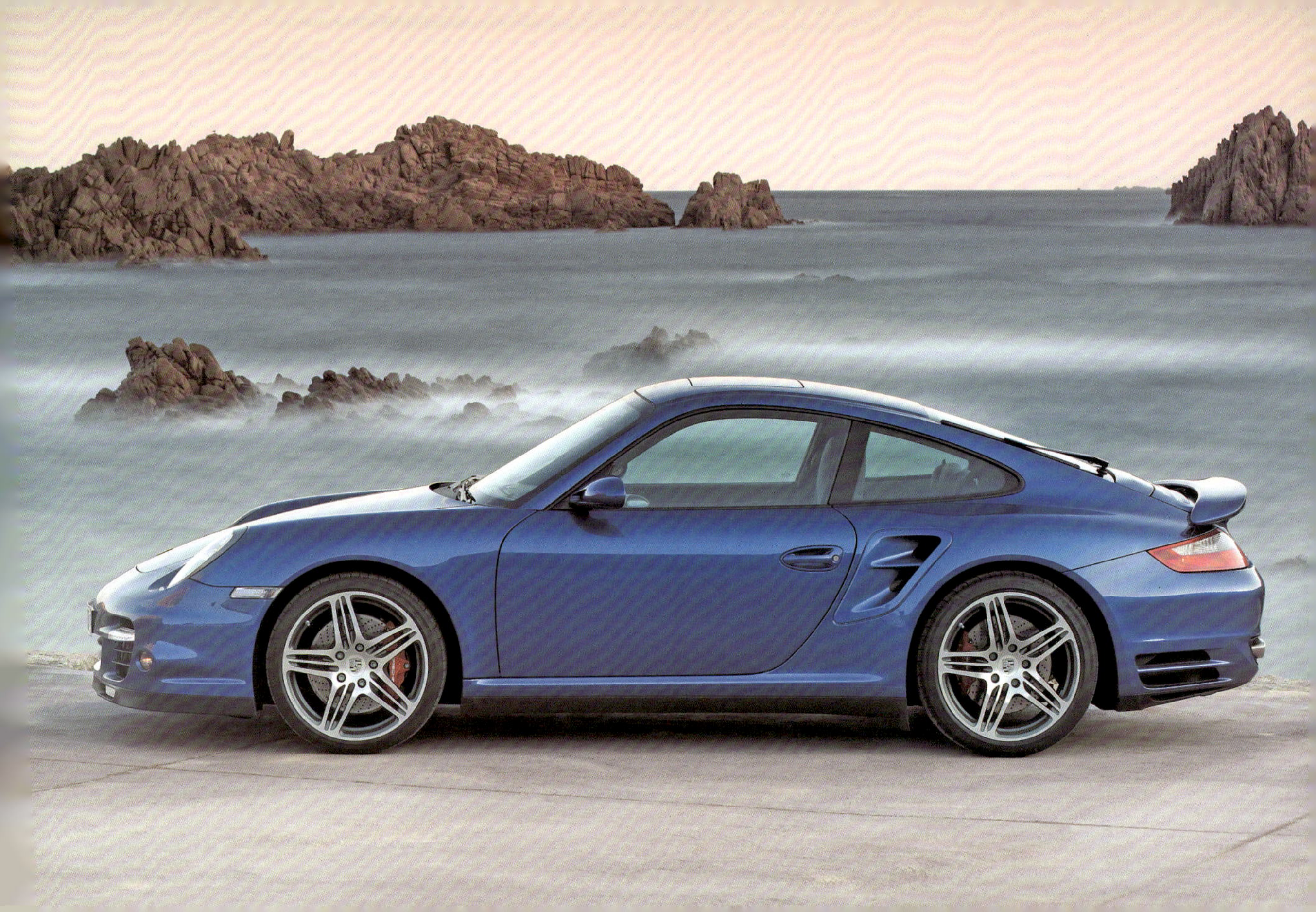

914 - 916

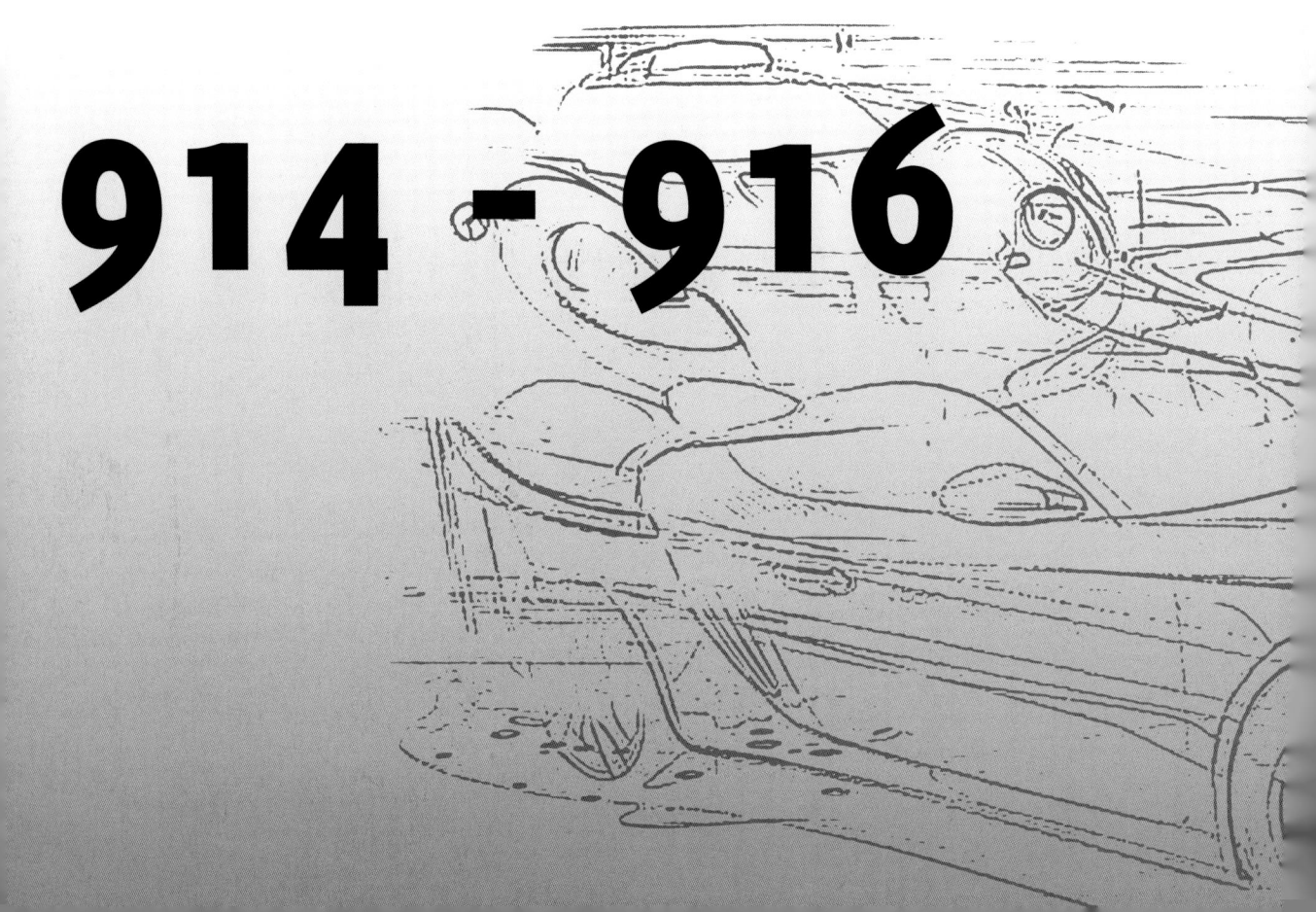

Mi-Volkswagen, mi-Porsche
Half-Volkswagen, half-Porsche

Depuis le début des années cinquante, Ferry Porsche avait maintenu son activité de consultant pour le développement de la Volkswagen Coccinelle ; à la fin des années soixante-dix, il entrevit la possibilité de produire une petite voiture de sport économique à partir des composants de grande série, comme il l'avait déjà fait avec la 356. Il devait cependant inventer un produit qui pourrait faire partie de la gamme Volkswagen à la place de la vieille 1600 Karmann-Ghia tout en étant aussi attrayante qu'une Porsche mais sans marcher sur les plates-bandes de la 911.

La production fut confiée à une entreprise externe, le carrossier Karmann, qui s'occuperait également de l'allure générale de la voiture. La VW-Porsche 914 était une « Targa » biplace futuriste aux lignes basses et aiguisées, avec un moteur central longitudinal (la boîte de vitesse était inversée) et deux compartiments à bagages : un à l'avant et l'autre derrière le moteur. Le modèle fut présenté au Salon de l'automobile de Francfort en septembre 1969, proposé en deux versions différentes : la 914/4 équipée du moteur 1,7 litres à quatre cylindres à injection de 80 chevaux de la Volkswagen 411 LE et la 914/6 avec moteur 2 litres six cylindres à trois carburateurs de 110 chevaux de la Porsche 911 T.

Le prix était intéressant, mais la 914 fut soutenue avec peu de conviction par la nouvelle direction de Volkswagen, après la mort de Heinz Nordhoff, le direc-

Since the early 1960s Ferry Porsche had kept his consultancy firm for the development of the Volkswagen Beetle; at the end of the 1970s, it gave him an opportunity to reconsider the possibility of producing a small and cheap sports car starting with mass-produced components, similar to what had already been done with the 356. However he had to invent a product that could form part of the Volkswagen range in place of the old 1600 Karmann-Ghia and at the same time have the same appeal as a Porsche, but without taking away any market space from the 911.

Production was entrusted to an outside firm, the Karmann coach builders, who would also be responsible for the overall styling. The VW-Porsche 914 was a futuristic "Targa" with low, pointed lines, a two-seater, with a centrally-mounted engine (the position of the gearbox was reversed), and it had two compartments for luggage: one in the front and the other behind the engine. It was launched at the Frankfurt Motor Show in September 1969, and was available in two different engine versions: the 914/4 with the 80 hp fuel-injection four-cylinder 1.7 unit from the Volkswagen 411 LE and the 914/6 with the 110 hp six-cylinder, triple-carb two-litre engine from the Porsche 911 T.

The price of the car was interesting, but the 914 was backed rather unenthusiastically by the Volkswagen

Au début des années soixante-dix, Porsche construisit la 914 en collaboration avec Volkswagen, qui fournissait les moteurs. Petite et non conventionnelle, cette voiture à moteur transaxe devait représenter une alternative à la Porsche 911, plus traditionnelle et plus onéreuse.

At the start of the 1970s Porsche built the 914 in collaboration with Volkswagen, who provided the engines; small and anti-conventional, this mid-engined car should have been an alternative to the more traditional and expensive Porsche 911.

VW-PORSCHE 914

Let it entertain you.

87

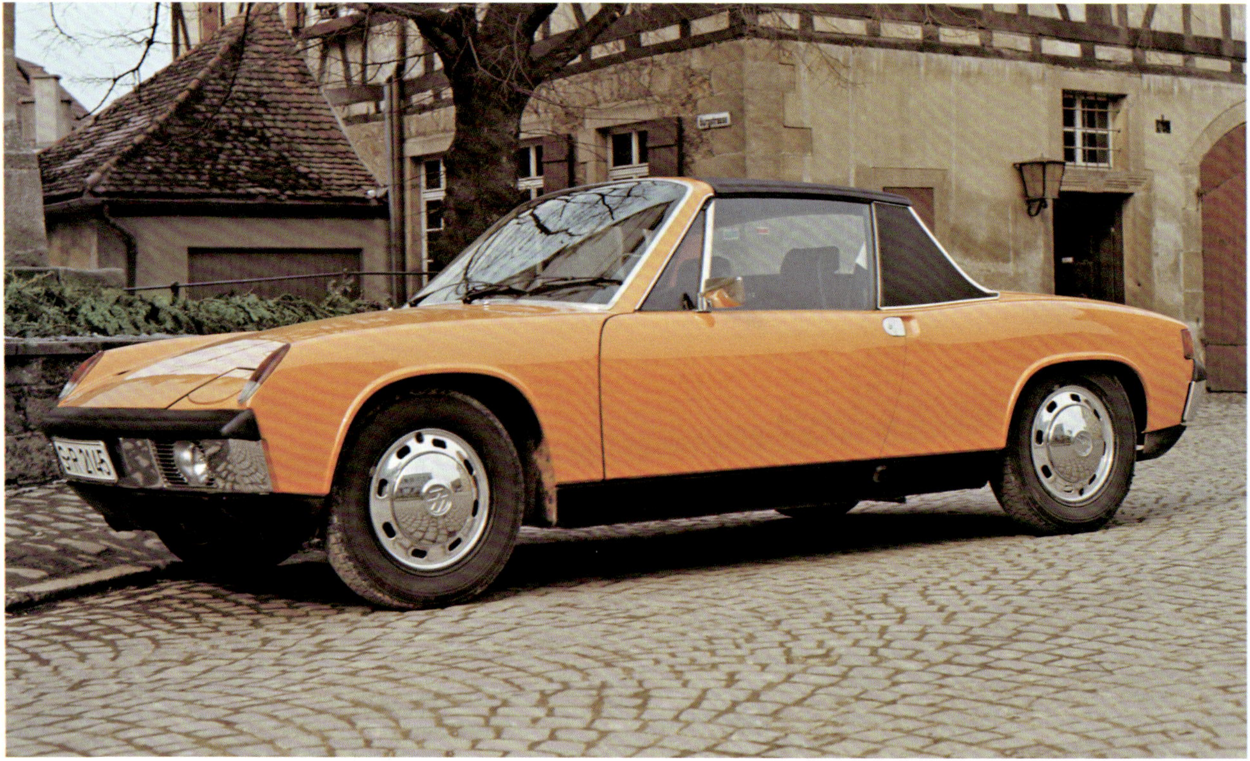

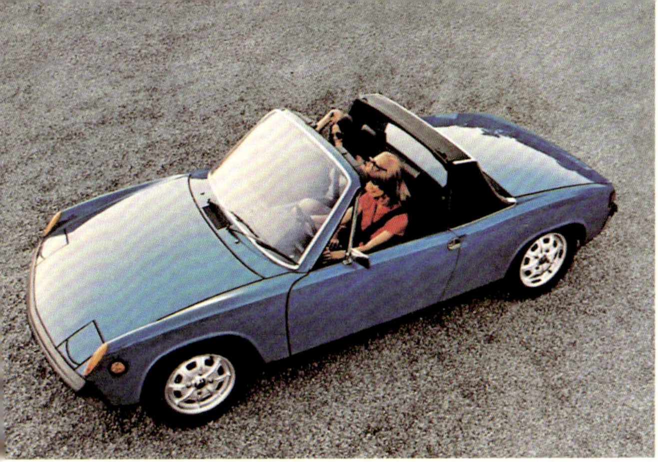

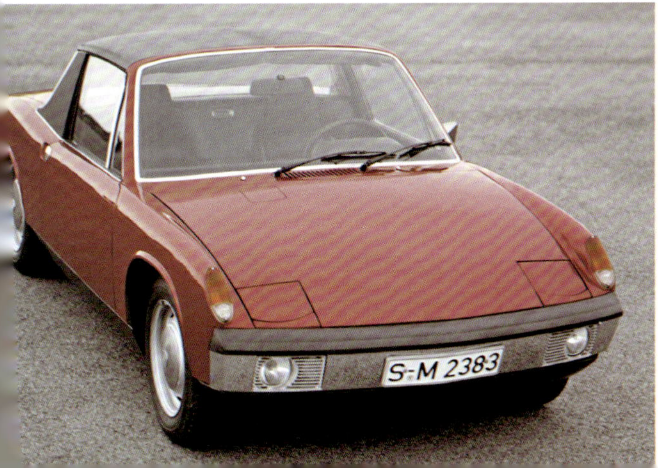
S-M 2383

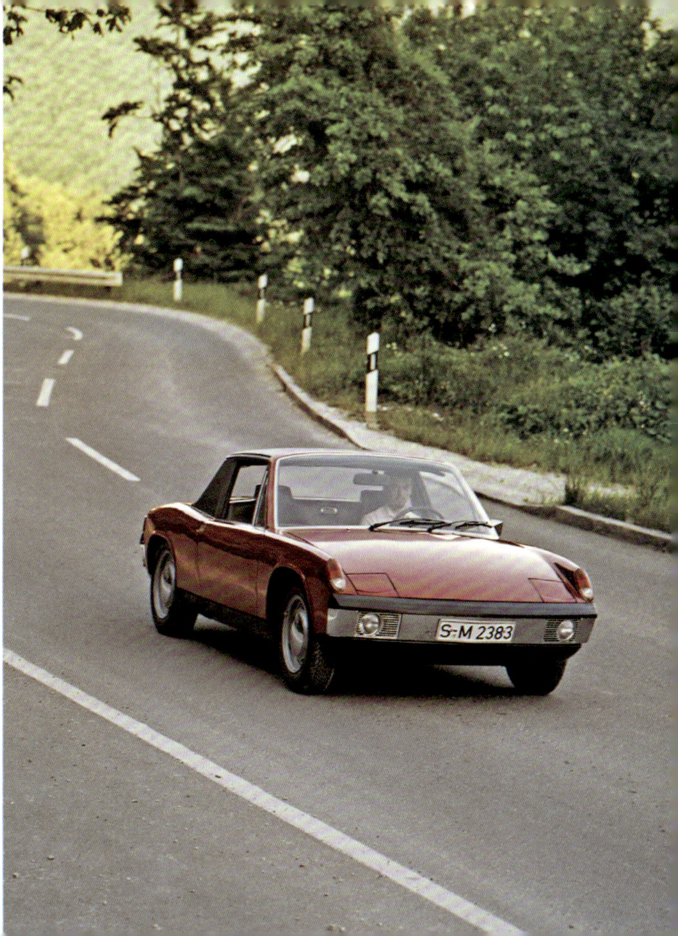
S-M 2383

teur général qui avait signé l'accord de joint-venture avec Porsche.

Ferry pensa à attiser l'attrait pour ce modèle en produisant une version haut de gamme : la 916 sortit en 1971 avec son toit en tôle et le puissant moteur de 2,4 litres et 190 chevaux de la 911S ; le moteur 2,7 litres de la Carrera fut également envisagé. Cependant, le développement de la voiture s'annonçait fort coûteux et sans le soutien du fabricant de Wolfsburg, qui se retira définitivement de l'opération l'année suivante, la 916 fut abandonnée après la construction de seulement onze exemplaires.

Après la sortie de scène de Volkswagen, suivit une deuxième génération de la « petite » Porsche, avec quelques mises à jour esthétiques et, surtout, des moteurs quatre cylindres plus économiques : la 914 1,8 litres de 85 chevaux et la 914 2,0 litres de seulement 100 chevaux, toutes deux dérivées de la Typ 4.

L'histoire de la 914 toucha à sa fin en 1975 avec une version réservée aux États-Unis dotée d'un moteur 2 litres moins puissant développant 88 chevaux auquel un pot catalytique avait été ajouté pour réduire les émissions. Ce modèle fut produit jusqu'en 1976 et 119 000 exemplaires furent construits, bien moins que ce qui avait été prévu initialement.

La Porsche 916, équipée du moteur 2,4 litres de la 911 et lancée en 1971 (à gauche), modèle sophistiqué, devait compléter la 914, mais seuls onze exemplaires furent construits.

The Porsche 916, fitted with the 2.4 litre engine from the 911 and launched in 1971 (left) should have been a high-performance model to go alongside the 914, but only 11 cars were made.

management following the death of Heinz Nordhoff, the Managing-Director who had signed the joint-venture agreement with Porsche. Ferry also considered increasing the car's appeal by producing a high-performance version. This was the 916, which was launched in 1971. It had a hard top in sheet metal and the powerful 190 hp 2.4 litre engine from the 911S; the 2.7 litre Carrera engine was also considered for the car. The car's development however was surrounded by massive costs and without full backing from the Wolfsburg manufacturer, who withdrew from the operation the following year, the 916 was shelved after the construction of just eleven examples.

After Volkswagen had abandoned the scene, a second generation of 'smaller' Porsches followed, with minor updates to the car's look and only with cheaper four-cylinder engines: the 85 hp 914 1.8 and the 100 hp 914 2.0, both based on the Typ 4.

The 914's history came to an end in 1975 with a version reserved for the USA, and with a two-litre engine that was detuned to 88 hp by the addition of a catalytic converter which was required by California's strict anti-pollution norms. It went out of production in 1976 after 119,000 cars had been built, much fewer than the initial target.

924 944 968

L'ere du Transaxle
The Transaxle Era

Alors que l'on pensait encore que la 914 allait devenir un modèle à succès, Volkswagen proposa à Porsche de concevoir une nouvelle GT basée sur la mécanique de ses modèles de grande série. L'idée était de proposer aux acheteurs une voiture moins « radicale » que la 914, suffisamment luxueuse et haut de gamme mais dont les coûts d'acquisition et de maintenance seraient significativement inférieurs à ceux de la 911. Ainsi, pour ne pas entrer en compétition avec celle-ci, il fallait donner à cette nouvelle voiture une architecture totalement différente et abandonner le moteur boxer arrière.

Suite au manque d'enthousiasme pour la 914 exprimé par la direction de l'entreprise, le projet EA425 végéta avant d'être définitivement jeté aux oubliettes. La crise pétrolière de cette époque ne fut pas étrangère à cette décision, car les constructeurs de voitures de grande série y pensaient désormais à deux fois avant d'investir dans un modèle élitiste.

Porsche décida alors de reverser à Volkswagen la somme d'argent dépensée pour la conception et de mener ce projet à bien, seul, en attendant d'en produire et d'en vendre suffisamment afin de surmonter ce moment difficile traversé par l'industrie automobile, notamment dans une entreprise ne produisant que des voitures sportives.

La voiture devait être construite dans l'ancienne usine de la NSU à Neckarsulm par les opérateurs Wolkswagen,

When the 914 was about to become a successful model, Volkswagen proposed to Porsche the design of a new GT car based on the mechanical components from its mass-production models. The idea was to offer car buyers a car that was not as 'radical' as the 914, but luxurious and sporting enough and with purchase and running costs that were much lower than those of the 911. So as not to provide competition for the latter, the car was to have a completely different engine layout, abandoning the rear-engined 'boxer' unit.

After the company management had shown its lack of enthusiasm for the 914, the EA425 project laboured on for some time until it was totally abandoned. Another reason for this was the oil crisis, which caused a mass-production automotive company to think twice about investing in an elite model for the very few.

At this point, Porsche decided to pay Volkswagen back part of the sum of money spent for the design and to continue with the project on its own. It hoped to produce and sell enough to help it overcome a difficult moment for the entire automobile industry, and in particular a company that only produced sports cars.

The car should have been built in the former NSU factory at Neckarsulm by Volkswagen workforce under the supervision of Stuttgart technicians. Its launch to the world's press was scheduled for November 1975 and its

La Porsche 924 arriva sur le marché
fin 1975 en tant qu'alternative économique
et moins exigeante que la 911,
elle remporta immédiatement un vif succès.

*The Porsche 924 arrived on the market
at the end of 1975 as a cheaper,
less demanding alternative to the 911,
and immediately obtained great success.*

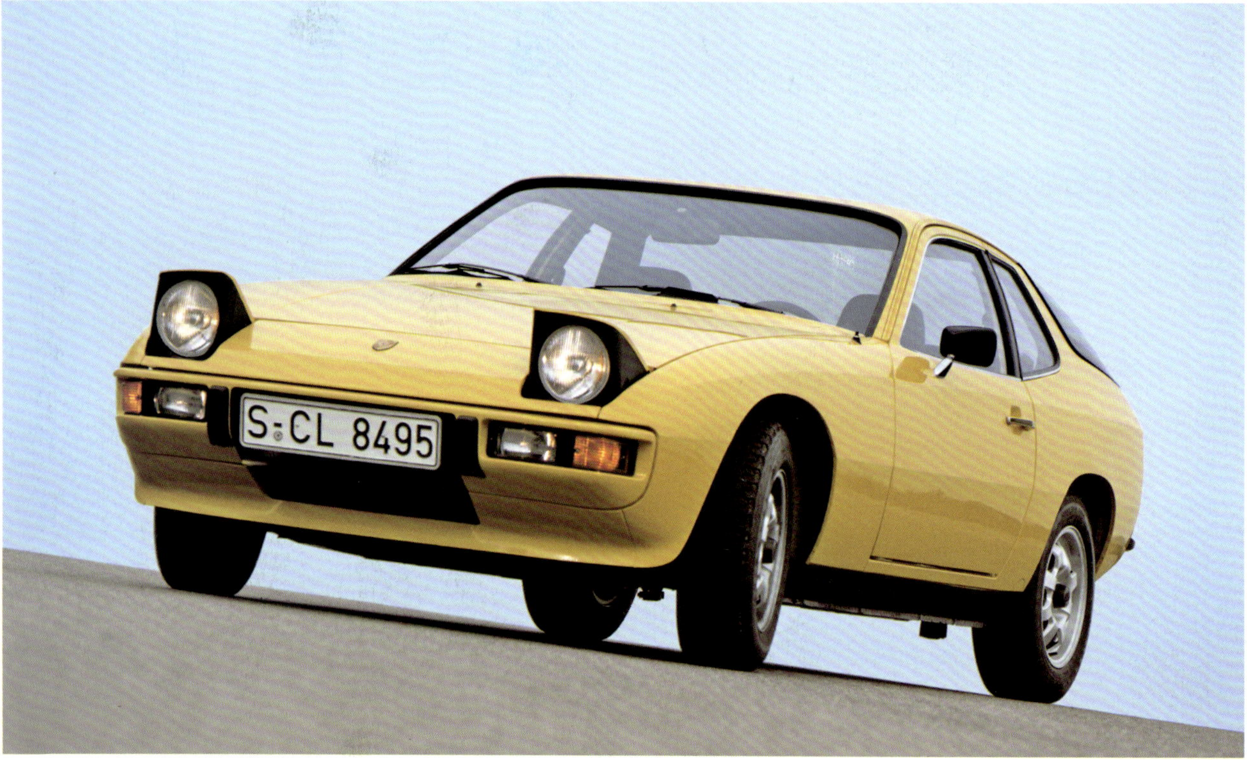
S-CL 8495

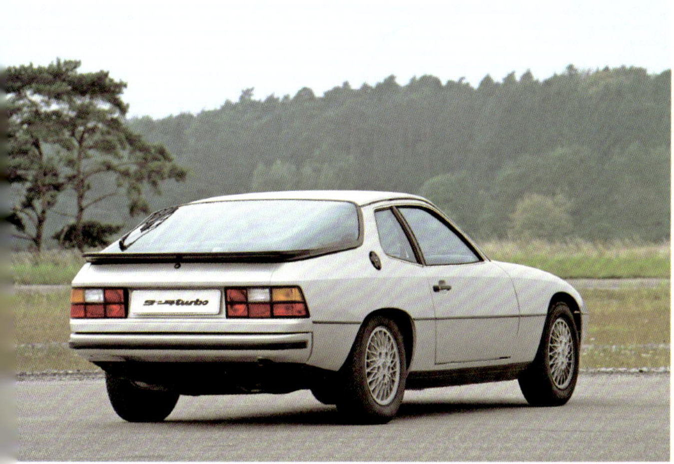

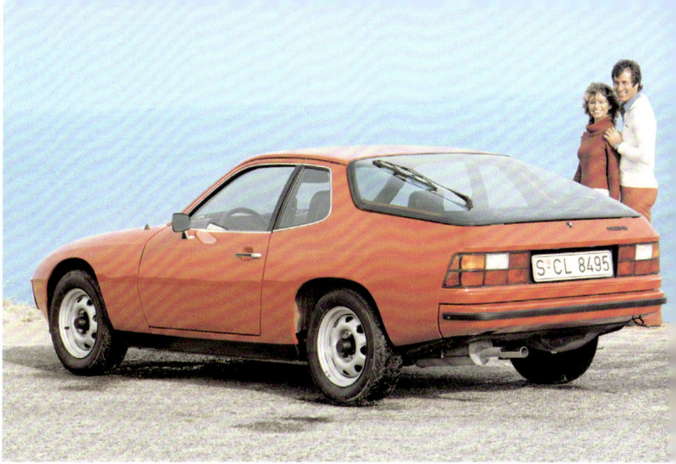
S-CL 8495

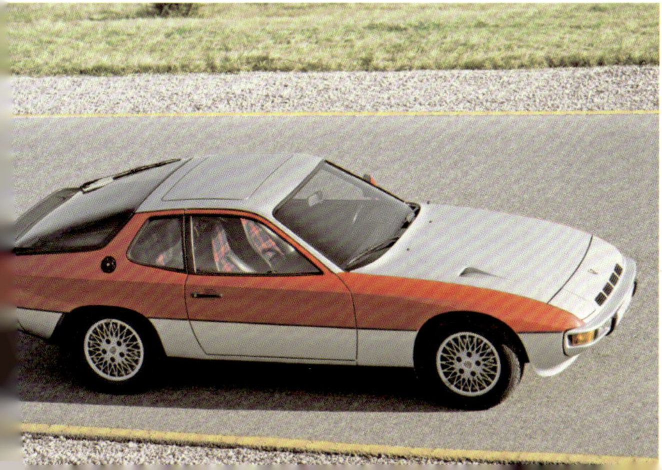

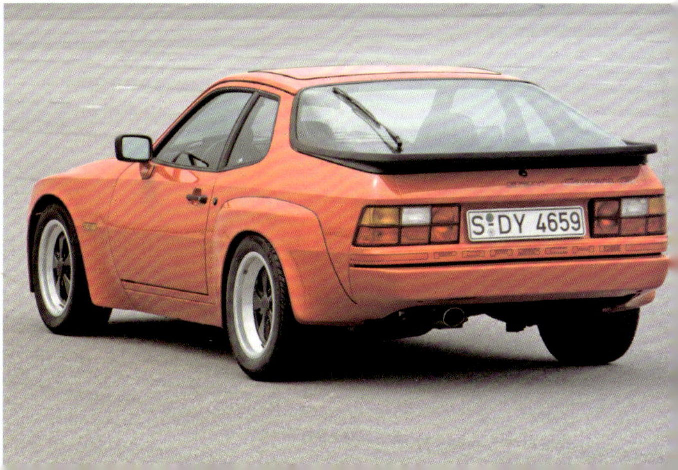
S-DY 4659

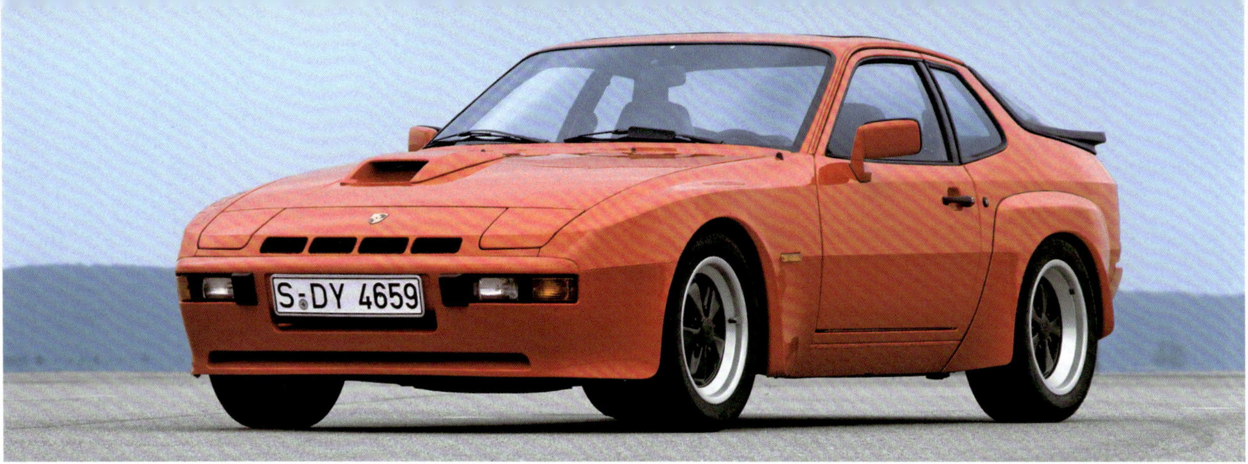
S-DY 4659

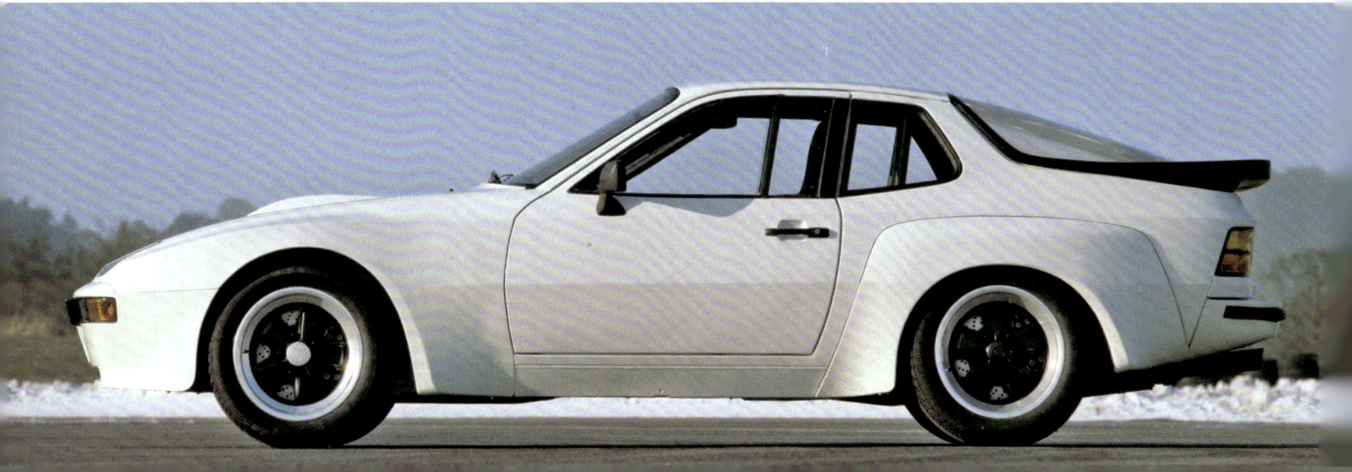

sous la supervision des techniciens de Stuttgart. Son lancement devant la presse spécialisée était programmé pour novembre 1975 ; elle s'appelait « 924 ».

C'était une voiture qui s'éloignait grandement de ce qu'avait été la philosophie de Porsche jusqu'alors. Elle était équipée d'un système « transaxle » inédit, avec le moteur monté à l'avant et la boîte de vitesse à l'arrière. De cette manière, on obtenait une distribution quasi-parfaite du poids sur les deux axes. La carrosserie, conçue par Harm Lagaay, avait une allure agressive avec ses phares escamotables et son *soft nose*, un pare-choc en plastique enveloppant intégré au museau de la voiture et capable d'absorber les impacts légers sans dommage. À l'époque où les pare-chocs étaient soit des poutres raides en acier soit d'énormes boucliers en plastique noir, ce fut une véritable innovation. La vitre arrière était une large surface en verre incurvée ; autre nouveauté. Le moteur était le quatre cylindres en ligne 2 litres de l'Audi 100, qui développait 125 chevaux.

Grâce à son prix relativement bas et à ses excellentes prestations, la 924 établit des ventes record par rapport aux autres Porsche, conjurant définitivement le fantôme de la crise.

La 924 incarnait, plus encore que la 911, le concept de la « sportive de tous les jours », beaucoup plus facile à conduire et bien plus maniable. En revanche, elle donnait l'impression de ne pas être assez puissante ainsi, afin de

name was the "924". It was a totally different car from what had been the Porsche philosophy up until now; it adopted a brand-new "transaxle" design, with the engine mounted in the front and the gearbox at the rear. In this way almost perfect weight distribution was achieved on the two axles. The body had been designed by Harm Lagaay and had an aggressive shape with pop-up headlights and a soft nose, a wrap-around plastic bumper integrated into the front of the car that could absorb minor impacts without damage; at that time, when bumpers were either stiff steel girders or enormous black plastic shields, it was a true innovation. The rear window was a single wide curved glass surface, another innovation on this model. The engine was the four-cylinder 2-litre unit from the Audi 100, which developed 125 hp.

Thanks above all to a relatively cheap price and excellent performance, the 924 recorded amazing sales with respect to other Porsche models, thus warding off fears of a crisis. Even more than the 911, the 924 personified the concept of an 'everyday sports car', was much easier to drive and had better handling.

On the other hand, it did give the impression that it was not powerful enough and so, to satisfy the demand from clients anxious for higher performance, the 931 (932 with right-hand drive), better known as the "924 Turbo", was produced.

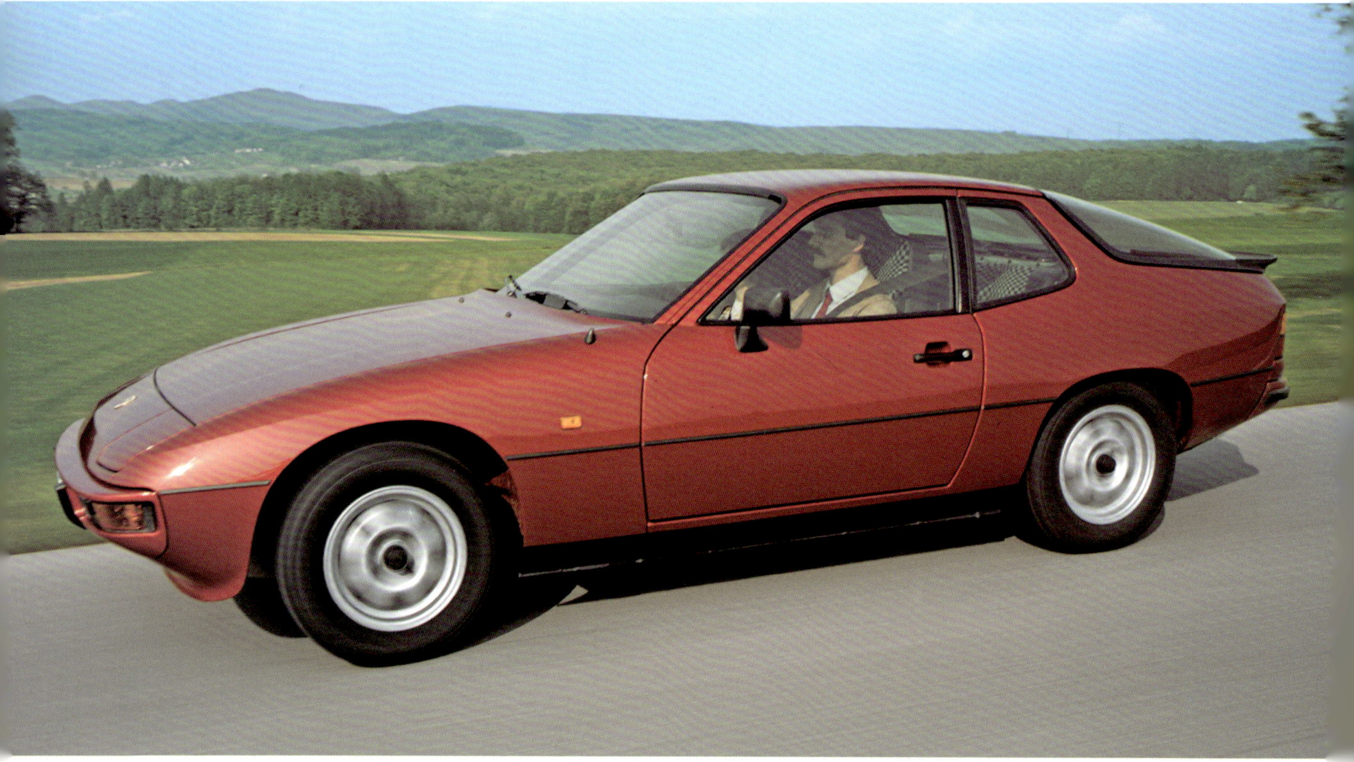

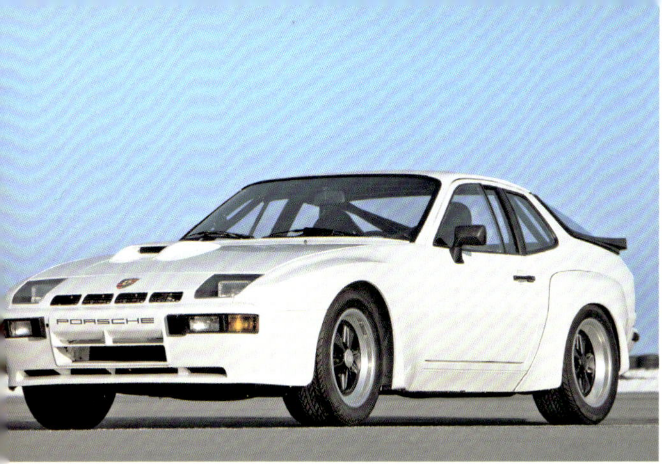
PORSCHE

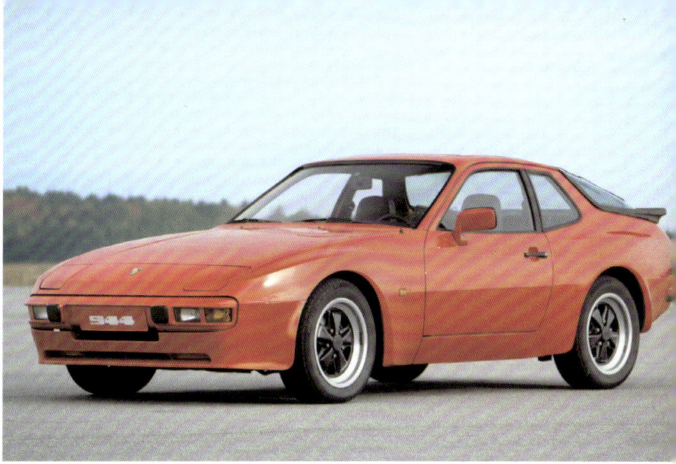
944

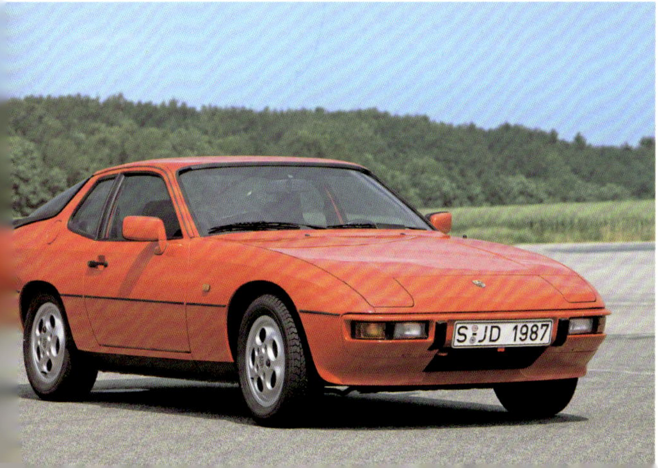
S JD 1987

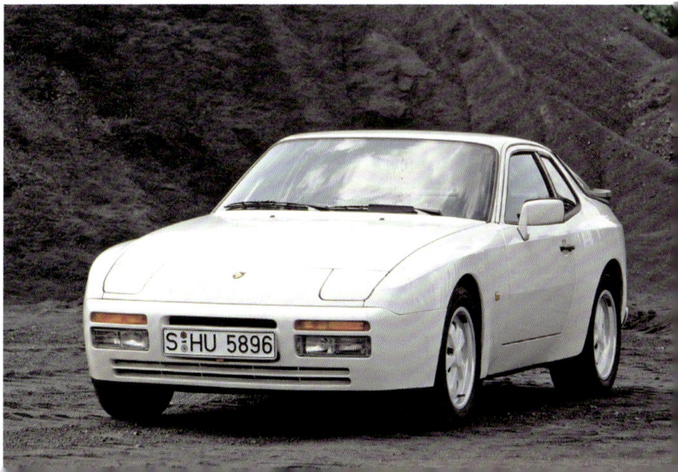
S HU 5896

satisfaire la demande des clients désirant des prestations élevées, la 931 (932 pour la conduite à droite), plus connue sous le nom de « 924 Turbo », fut produite.

Profitant de l'expérience acquise avec la version suralimentée de la 911, Porsche construisit une version 2 litres équipée d'un turbocompresseur KKK qui portait la puissance à 170 chevaux. C'était un moteur ultra-sophistiqué assemblé quasi-manuellement à Stuttgart. Freins, suspensions et de manière générale toute la mécanique furent adaptés aux prestations élevées.

Les 24 heures du Mans de 1981 furent l'occasion du lancement surprise de la 924 Carrera GT (937 pour la conduite à droite et 938 pour la conduite à gauche), dérivée de la version Turbo avec l'ajout d'un intercooler, une carrosserie plus longue et un becquet bien voyant. Selon le règlement de la course, pour pouvoir participer elle devait être vendue comme une voiture de série. Elle fut donc proposée au grand public dans les versions GT de 210 et GTS de 247 chevaux, tandis que la GTR 375 chevaux était destinée aux courses.

Le succès de la 924 laissait à penser qu'il y avait de place pour un modèle intermédiaire, entre la 924 et la 911 : une voiture plus puissante que la première, avec un quatre cylindres de 2,5 litres inédit, mais moins agressive et tape-à-l'œil que la seconde, à une époque où, après la crise pétrolière et les années de plomb, certains types de voitures sportives pouvaient sembler trop présomp-

By making use of experience gained with the turbocharged version of the 911, Porsche built a 2-litre car equipped with a KKK turbocharger, which boosted power to 170 hp; this was a mechanically refined engine, built by hand in Stuttgart. Brakes, suspension and all the mechanical components were beefed up for the purpose of higher performance.

The 1981 Le Mans 24 Hour race saw the surprise launch of the 924 Carrera GT (937 with left-hand and 938 with right-hand drive), derived from the Turbo version with the addition of an intercooler, wider bodywork and a massive spoiler. In order to be able to race, it had to comply with sporting regulations and had to be sold as a normal road car; it went on sale to the general public in 210 hp GT and 247 GTS versions, while the 375 hp GTR version was also produced for racing.

The success of the 924 suggested that there was also room for a suitable model between the 924 and the 911: more powerful than the former, with a new four-cylinder 2.5 litre engine, but not as aggressive and flashy as the latter. In a post-oil crisis period, certain types of sports cars could be considered too brash and would maybe not be appreciated by potential clients.

The Porsche 944 was launched in 1982. Its body derived from the 924, but the wheel-arches were much wider, like the Carrera GT; the strengthened mechanical

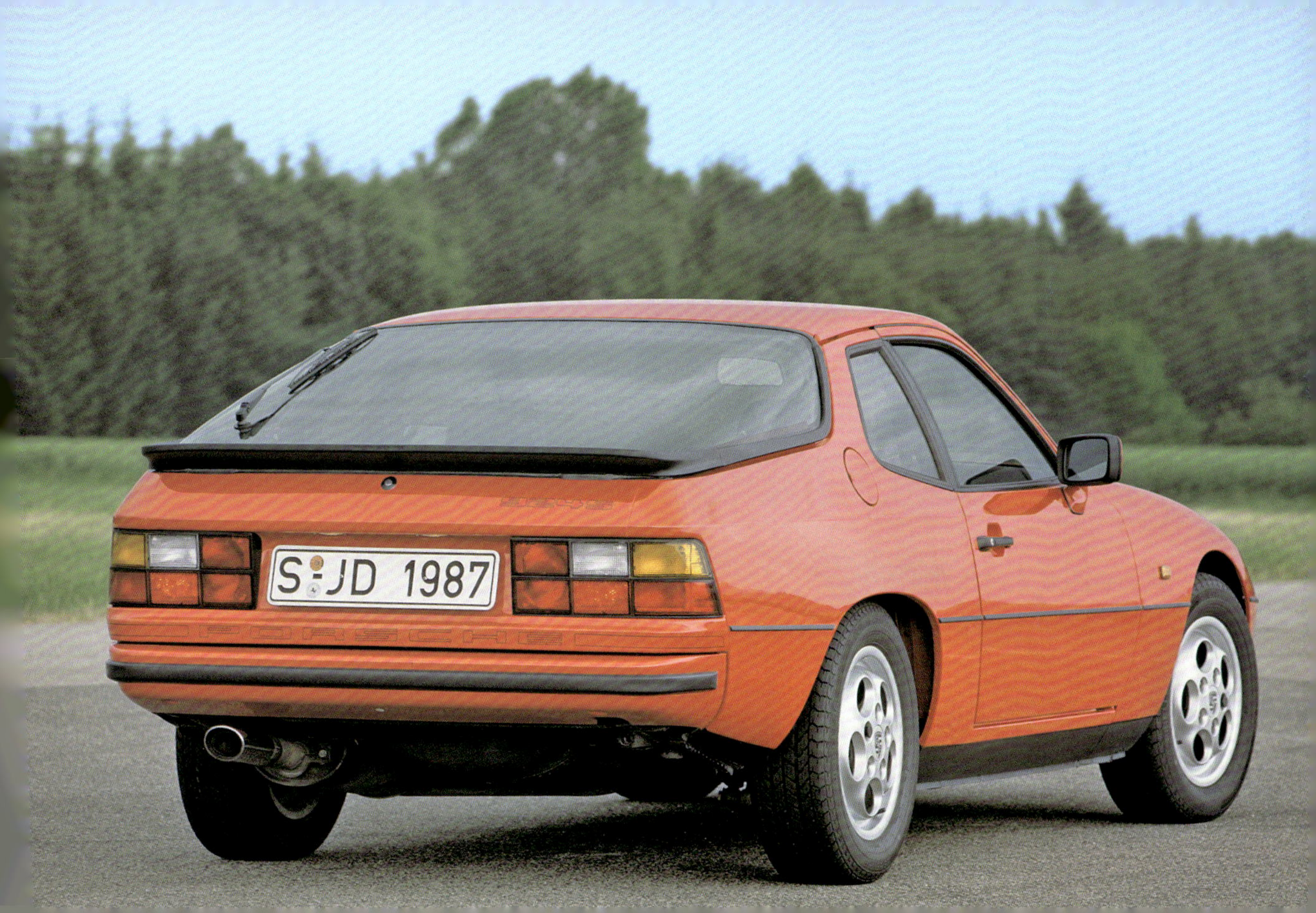
S-JD 1987

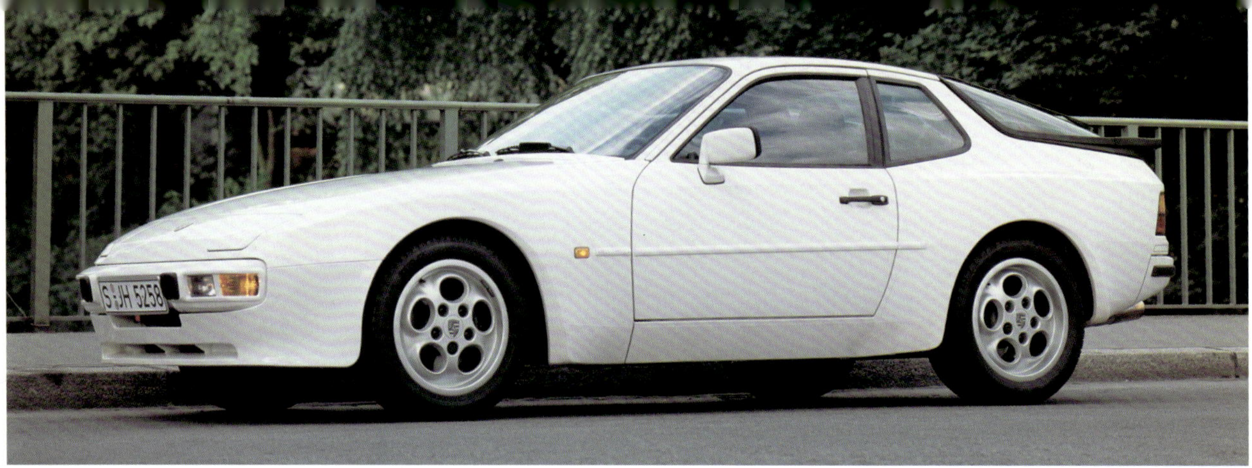
S JH 5258

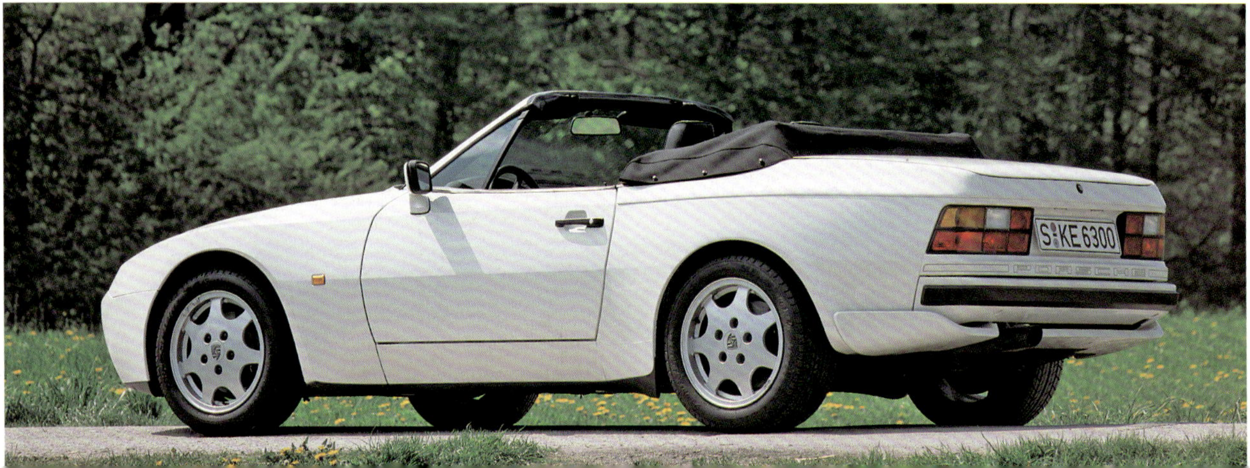
S KE 6300

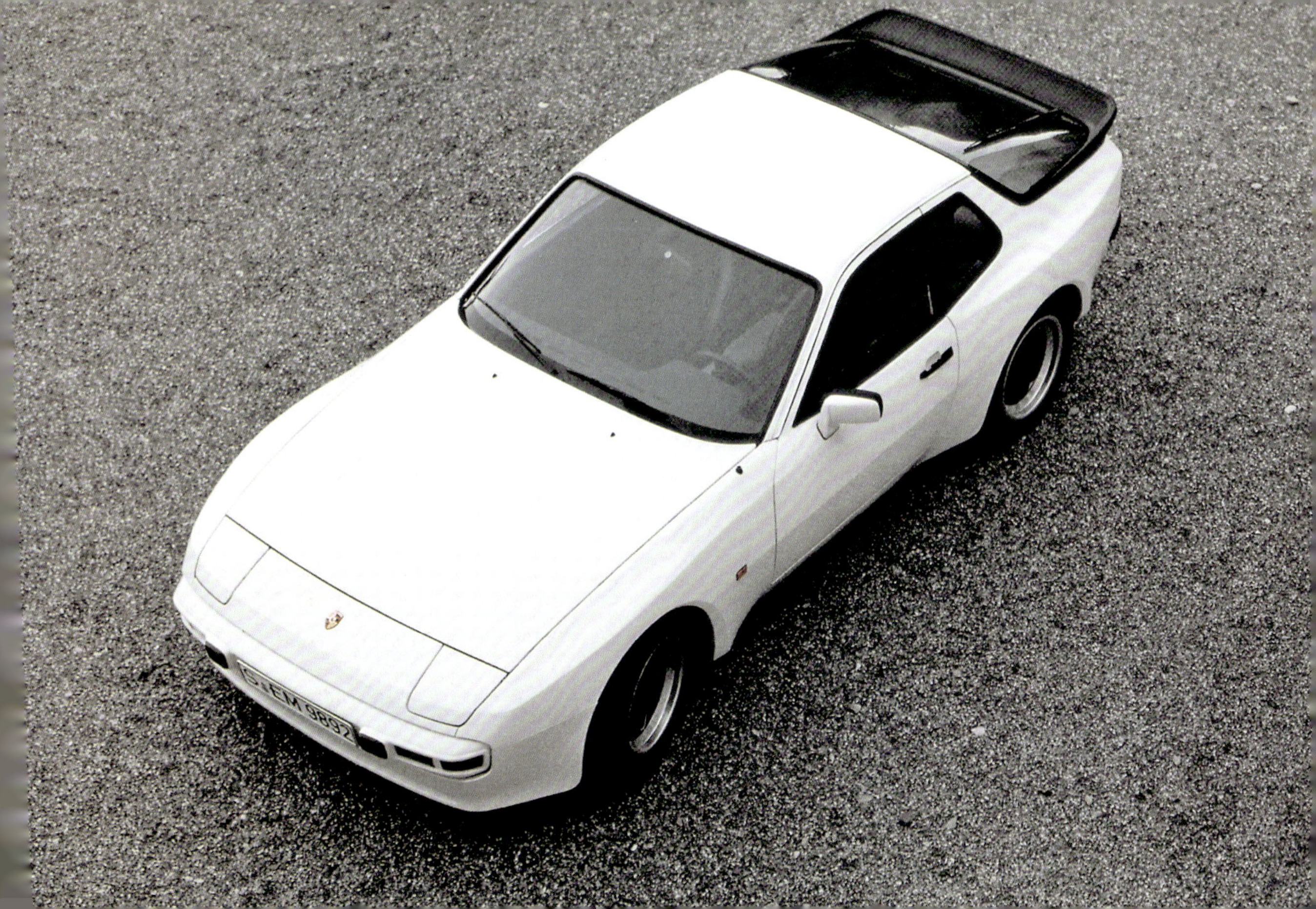
S-EM 9892

tueuses et ne pas être appréciées par une partie des clients potentiels.

À partir de ces prémisses, la Porsche 944 fut lancée en 1982. Sa carrosserie était dérivée de la 924 avec des ailes beaucoup plus larges, comme sur la Carrera GT ; quant à la mécanique, renforcée, elle était semblable à celle de sa petite soeur, toujours avec l'architecture transaxle. Le moteur, en revanche, était le V8 de 5 litres de la 928, avec un seul banc de cylindres et deux arbres intermédiaires pour réduire les vibrations. Avec 150 chevaux de puissance et une vitesse maximale de 210 km/h, les prestations de la voiture étaient plutôt convaincantes mais en 1985 elle fut rejointe par la 951 (952 pour la conduite à droite), également connue comme la « 944 Turbo », qui développait 220 chevaux.

En 1986, la 924, qui était toujours disponible en entrée de gamme, fut unifiée en une seule version : la 924S, équipée du moteur de la 944. Plus légère, plus basique et résolument moins chère, elle fut produite jusqu'à la fin 1989.

L'évolution de la 944 se poursuivit en 1986 avec la 944S et son moteur 16 valves à aspiration naturelle pouvant atteindre 188 chevaux. En 1988, la version S de la 944 Turbo 247 chevaux arriva aussi sur le marché, et en 1989, l'aspiration fut ajoutée à la nouvelle 944S2, avec moteur 3 litres de 208 chevaux. Une version Cabriolet fut proposée en même temps et l'année suivante, elle serait également disponible avec un moteur turbo.

components were derived from the car's 'little sister', maintaining the transaxle design. The engine on the other hand was the five-litre V8 from the 928, with just one cylinder bank and two counter-shafts to reduce vibrations. With 150 hp on tap and a top speed of over 210 km/h, the car's performance was already pretty convincing, but in 1985 it was joined by the 951 (952 right-hand drive), also known as the "944 Turbo", which had 220 hp.

In 1986 the 924, which continued to be available as the entry-level car of the Porsche range, was unified into just one new version: the 924S, which had the engine from the 944. Lighter, cheaper and internally much plainer, it remained in production until 1989.

On the other hand the evolution of the 944 continued in 1986 with the 944S, with a naturally-aspirated 16-valve engine producing 188 hp. In 1988 the S version of the 944 Turbo also went on sale, with a 247 hp engine, and in 1989 the naturally-aspirated car was updated into the new 944S2, with a 208 hp three-litre engine. A Cabriolet version came out at the same time, and the year after it would also be available with a turbo engine.

When it was time to draw up the "S3" version, Stuttgart engineers realized that they were making so many modifications that the car was virtually brand-

Lors de la mise au point de la « S3 », les ingénieurs de Stuttgart apportaient tant de modifications qu'ils se rendirent compte qu'ils étaient en train de créer une nouvelle voiture ; on décida donc d'abandonner la 944 et de la remplacer par la 968, commercialisée en 1992 et construite directement par Porsche à Zuffenhausen, en version Coupé ou Cabriolet.

En conservant la même configuration de base, sa forme plus large rappelait la 928 ; le moteur restait le 3 litres de la 944S2, mais on y intégra un système innovant appelé Variocam pour la variation du calage, tandis que la boîte de vitesses était disponible en deux configurations, manuelle à six vitesses ou automatique Tiptronic.

En 1993, deux versions éphémères suralimentées furent proposées, la 968 Turbo S et la 968 Turbo RS de compétition, mais seuls quinze exemplaires furent finalement construits pour la première et quatre pour la seconde. La version à aspiration naturelle sortit de scène en 1996 ; environ 13 000 exemplaires avaient été fabriqués, ce qui ajouté aux 163 000 944S et aux 152 000 924S était une belle réussite.

new; as a result Porsche decided to abandon the 944 and replace it with the 968, which went on sale in 1992 and which was built directly by Porsche at Zuffenhausen with both Coupé and Cabriolet bodywork. Maintaining the same basic layout, it had a shape that recalled the larger 928; the engine remained the three-litre unit of the 944S2, but it was equipped with the innovative Variocam system that allowed variable valve timing, while the gearbox was available in two versions, a six-speed manual or a Tiptronic automatic. In 1993 two turbocharged versions were also produced, the 968 Turbo S and the 968 Turbo RS Racing, but only 15 of the former and 4 of the latter were actually built. The naturally-aspirated version went out of production in 1996, after around 13,000 examples had been built. Added to the 163,000 944s and the 152,000 924s, it was truly a great success.

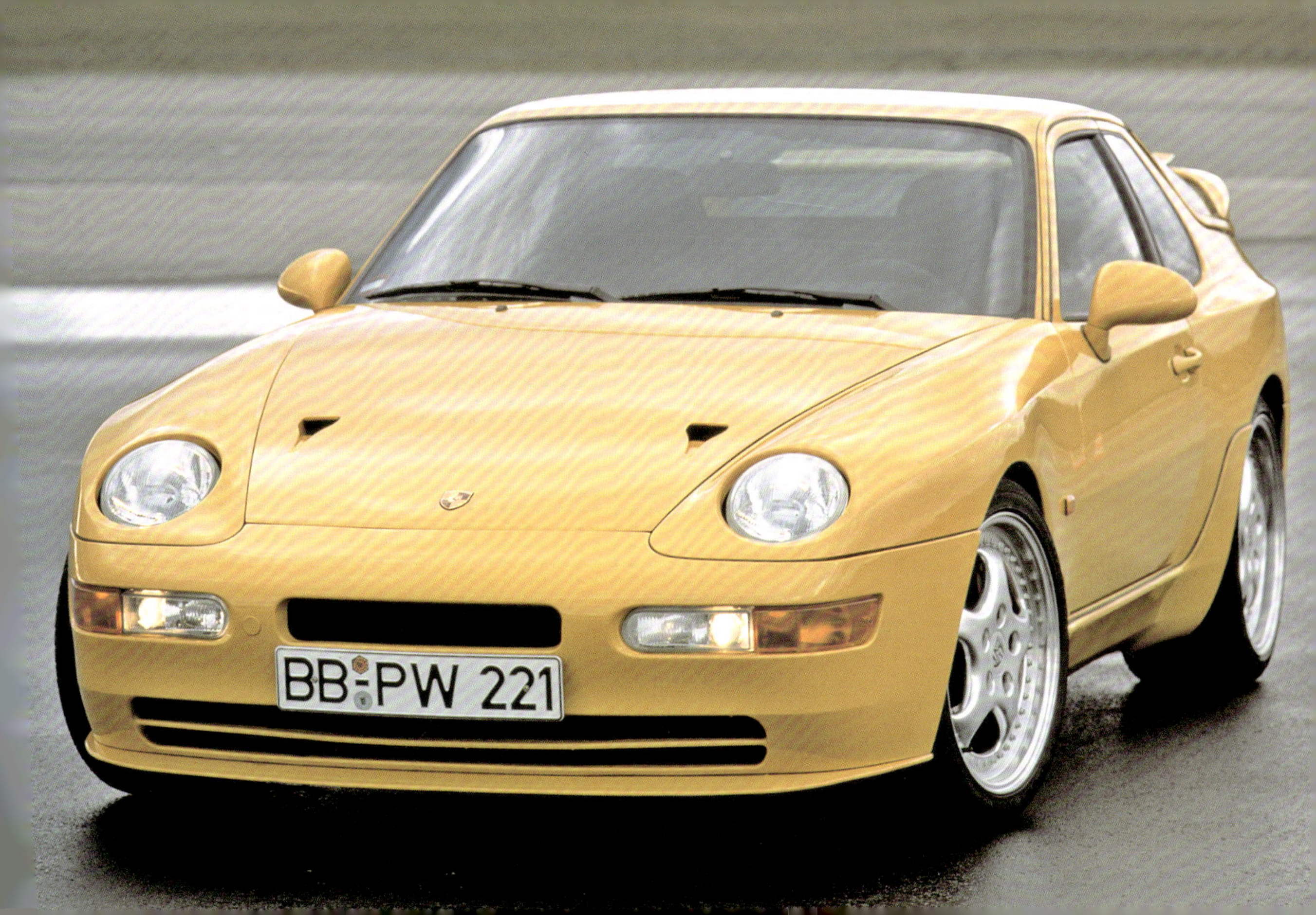
BB-PW 221

928

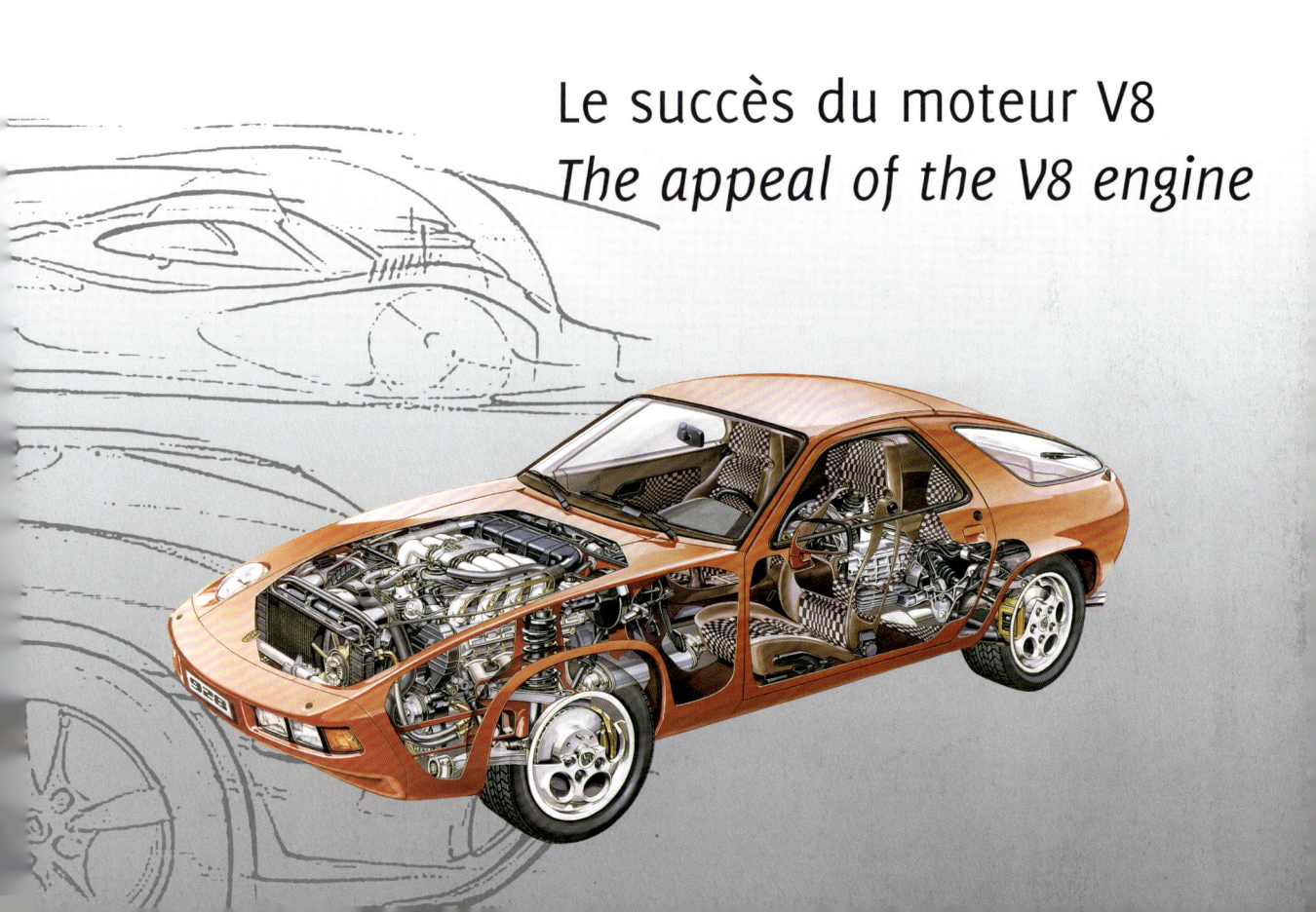

Le succès du moteur V8
The appeal of the V8 engine

L'idée de l'architecture transaxle n'avait pas surgi avec la 924. Porsche l'avait déjà envisagée pour une GT haut de gamme, mais son développement s'avéra long et laborieux et il fallut attendre pour que le projet se concrétise. Cette voiture fut la spectaculaire 928, lancée à la fin 1977 et commercialisée l'année suivante.

La nouvelle direction du constructeur de Stuttgart avait prévu de remplacer la 911 par la 928 en tant que modèle haut de gamme après qu'elles se soient côtoyées sur le marché pendant quelque temps. Cependant, sa mécanique sophistiquée lui conférait une telle maniabilité que les passionnées l'accusèrent d'être « sans âme » et continuèrent à préférer l'ancien modèle nerveux et irascible qui est d'ailleurs toujours construit à ce jour.

En revanche, la 928 représentait l'évolution technologique maximale de l'époque. Pendant longtemps, elle resta la voiture de série la plus rapide du monde et aujourd'hui encore elle est la seule sportive à avoir remporté le titre de « Voiture de l'année » décerné par des journalistes spécialisés de la presse automobile européenne.

La 928 suivait le même schéma que la 924 mais elle était dotée d'un puissant moteur huit cylindres de 4,5 litres à refroidissement liquide, avec distribution à un arbre à came en tête par banc de cylindres, développant initialement 240 chevaux et atteignant une vitesse maximale de plus de 230 km/h. Les suspensions étaient un chef-d'œuvre d'ingénierie avec un axe Weissach à l'arriè-

The transaxle design did not actually come about with the 924, as Porsche had already envisaged it for a high-performance GT car. But its development was long and demanding, and it would take a while before it saw the light. This car was the spectacular 928, which was launched at the end of 1977 and went on sale the following year.

The new management of the Stuttgart company had planned to replace the 911 with the 928 as the top-of-the-range model after a brief period together on the market; its refined mechanical layout however made it so easy to drive that enthusiasts accused it of being 'soulless' and they continued to prefer the previous nervous model, which is still being built today.

On the other hand, the 928 represented the maximum technological evolution possible in that period. For a long time it remained the fastest production car in the world and still today is the only sports car to win the prestigious 'Car of the Year' award from Europe's leading motoring journalists.

The 928 had the same layout as the 924 but sported a powerful 4.5 litre V8 water-cooled engine, with a single overhead camshaft per cylinder bank, which initially developed 240 hp and a top speed of over 230 km/h. The suspension was an engineering masterpiece, with a Weissach axle at the rear that acted dynamically on the

Produite à la fin 1977, la Porsche 928 possédait un puissant V8 monté à l'avant de près de 5 litres de capacité. C'était la voiture de série la plus rapide du monde.

Produced at the end of 1977, the Porsche 928 had a powerful, front-mounted, V8 engine with a capacity of almost 5 litres. It was the fastest production car in the world.

re qui agissait dynamiquement sur la convergence des roues arrière, réduisant le survirage.

La carrosserie, en acier avec de nombreux éléments en aluminium et en matières synthétiques était signée Wolfgang Möbius, sous la direction d'Anatole Lapine ; sa forme était basse et profilée et ses phares ovales disparaissaient lorsqu'ils n'étaient pas utilisés afin de ne pas interférer avec l'aérodynamique, l'habitacle était compact exaltait le museau allongé de la voiture. Elle était uniquement disponible en coupé biplace.

Outre la version carburateur, elle était proposée en injection mécanique, légèrement moins puissante et dotée d'un pot catalytique pour satisfaire aux normes anti-pollution en vigueur aux États-Unis, qui ont toujours été l'un des plus gros marchés de Porsche. En 1980, on adopta l'injection électronique, plus fiable, tandis que pour les autres pays, Porsche fabriqua une version encore plus sportive appelée 928S et équipée d'un plus gros moteur 4,7 litres capable de développer 297 chevaux. Puis en 1984, cette puissance fut encore augmentée avec la 928S2 de 306 chevaux.

L'accueil mitigé des clients traditionnels conduisit Ferdinand Alexander Porsche à reprendre les rênes de l'entreprise. Même s'il préférait la 911 à la 928, il n'avait absolument pas l'intention de gâcher le travail déjà fourni et il proposa donc de placer la voiture dans la catégorie Gran Turismo extrême qui convenait parfaitement à la 928

convergence of the rear wheels, thus reducing oversteer. The body, in steel with elements in aluminum and synthetic materials, had been designed by Wolfgang Möbius under the management of Anatole Lapine; it had a low, streamlined shape, with oval headlights that disappeared when not in use so as not to disturb the car's aerodynamics, and a neat compact cockpit that highlighted the long nose. It was only available as a 2+2 coupé.

A mechanical fuel injection version, known as the carburetor version, was also built. This was slightly detuned and was fitted with a catalytic converter to comply with anti-pollution norms in force in the USA, which has always been one of Porsche's biggest markets. In 1980, it was updated with the more reliable electronic fuel injection, while for other countries Porsche produced an even more sporting version, called 928S and equipped with a larger 4.7 litre engine capable of putting out 297 hp; in 1984 this output was boosted even further with the 306 hp 928S2.

A lukewarm reception from traditional clients brought Ferdinand Alexander Porsche back to the helm of the company. Even though he preferred the 911 to the 928, he had no intention of wasting the massive amount of work that had already been done, and proposed moving the car to the top-class GT sector, which the 928

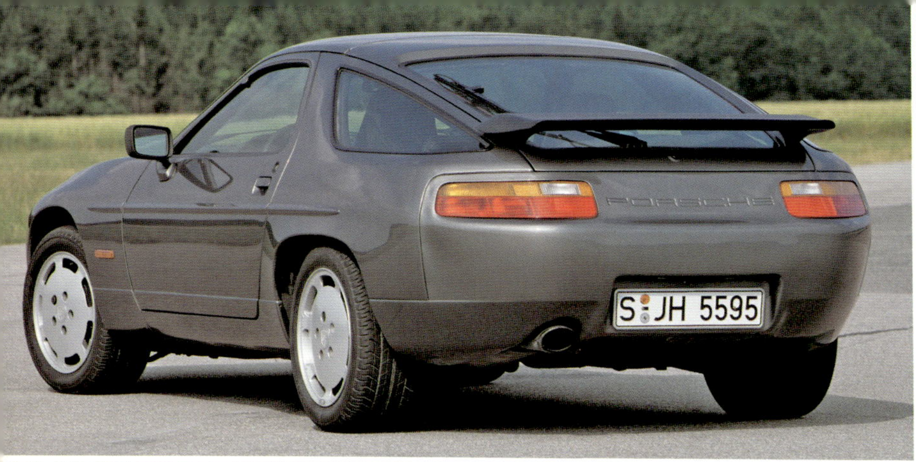
PORSCHE
S JH 5595

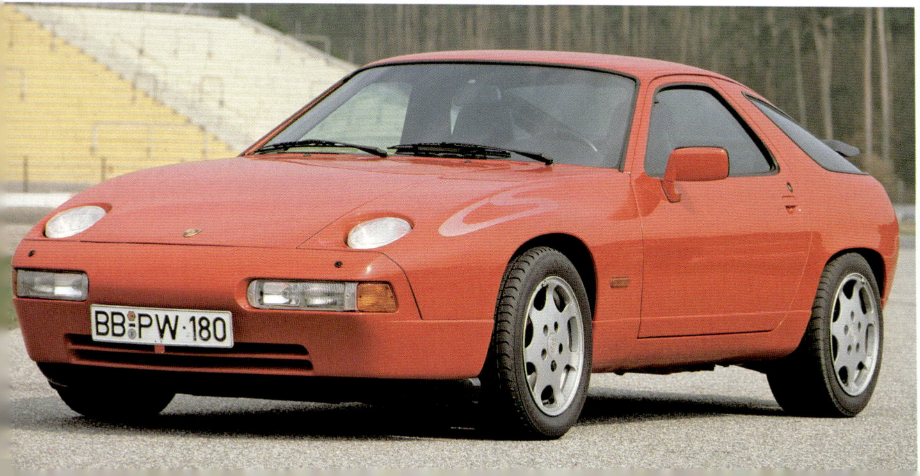
BB PW 180

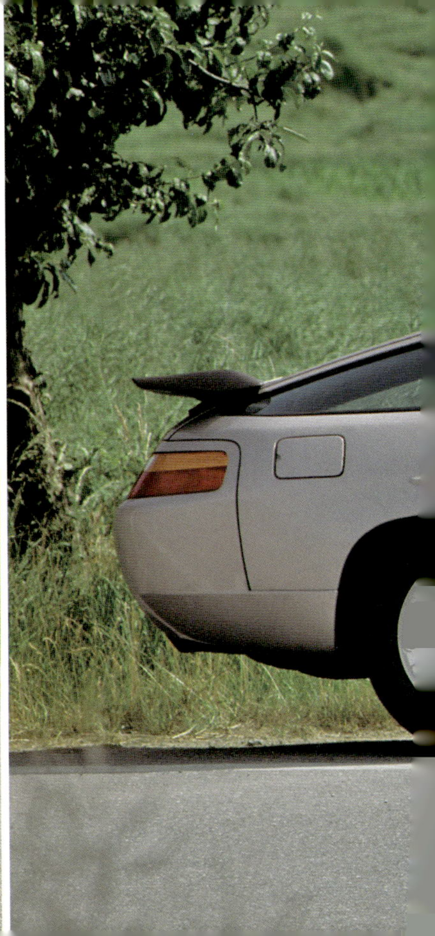

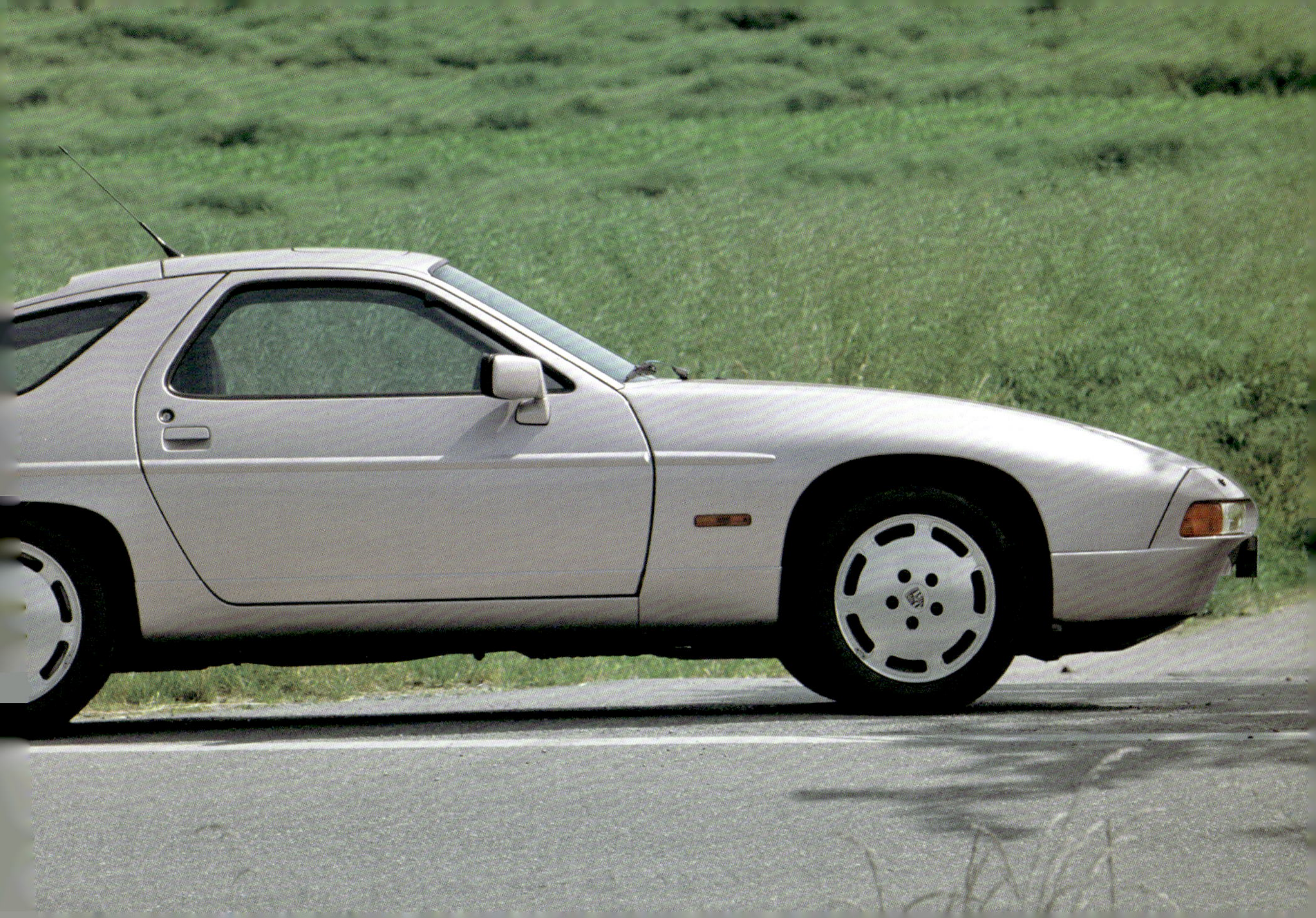

puisqu'elle alliait excellentes prestations et grand confort. Porsche décida donc de continuer à la fabriquer et à la développer. En 1985, la 928S3 fit son entrée avec quelques améliorations esthétiques et surtout un nouveau moteur de 5 litres, 32 soupapes et deux arbres à came en tête par banc de cylindres. En réalité, ce n'était qu'un prélude, réservé au marché nord-américain, de la S4 de l'année suivante qui, dans sa version non-catalytique, pouvait développer 316 chevaux et porter la vitesse à plus de 250 km/h.

En 1989, après l'expérience réalisée avec quelques exemplaires de compétition appelés « Club Sport », Porsche mit au point une routière encore plus puissante, la 928GT à différentiel autobloquant et moteur de 326 chevaux. Ces modifications offrirent quelques années de plus à la carrière de la GT allemande ; c'est pour cette raison que dès les printemps 1992, la seule version disponible était la nouvelle 928GTS, la plus puissante jamais construite. Avec son nouveau moteur 5,4 litres délivrant une puissance de 345 chevaux pour atteindre une vitesse maximale de 275 km/h. La production cessa en 1995, après 61 000 voitures construites, en l'absence d'un nouveau modèle pour la remplacer.

could easily interpret seeing as it combined excellent performance with a high standard of comfort.

It was decided to keep it in production and develop it for some time to come. In 1985 Porsche produced the 928 S3, which had a few minor appearance changes and above all a new five-litre, 32-valve engine and double overhead camshaft. This was actually only a prelude for the following year's S4 model, which was reserved for the North American market. In non-catalytic form, this car was capable of producing 316 hp with a top speed of over 250 km/h.

In 1989, after experience with the racing versions called "Club Sport", Porsche produced an even more powerful road car; the 928 GT with limited-slip differential and a 326 hp engine. These modifications added a few more years to the German GT car's career; for this reason, from the spring of 1992 the only version available was the new 928 GTS, the most powerful ever built. With a new 5.4 litre engine, the car had a power output of 345 hp and a top speed of 275 km/h. The production run came to an end in 1995 after 61,000 cars had been built, without there being a new model to replace it.

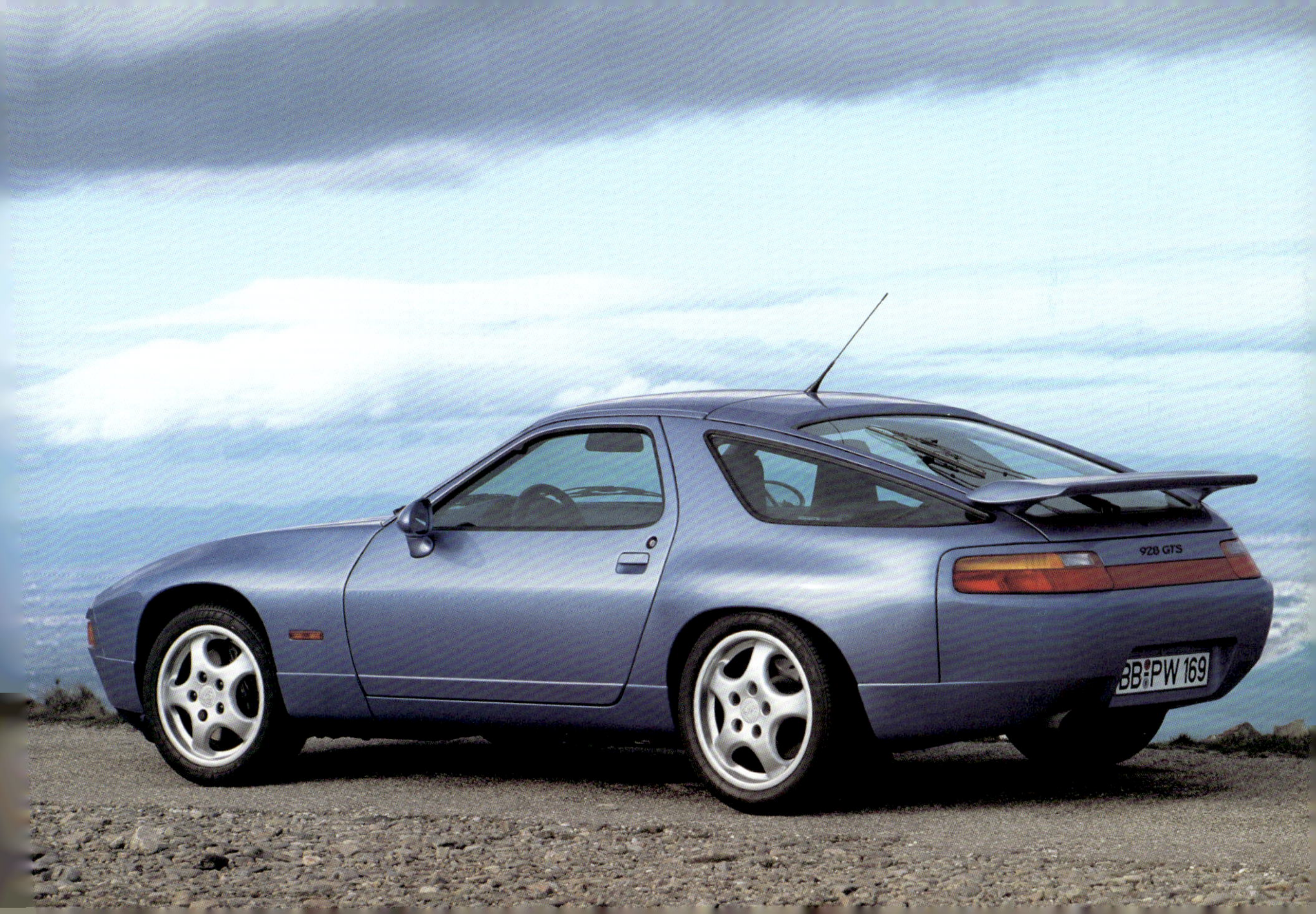
928 GTS
BB PW 169

959

Au-dessus de tout
Over the top

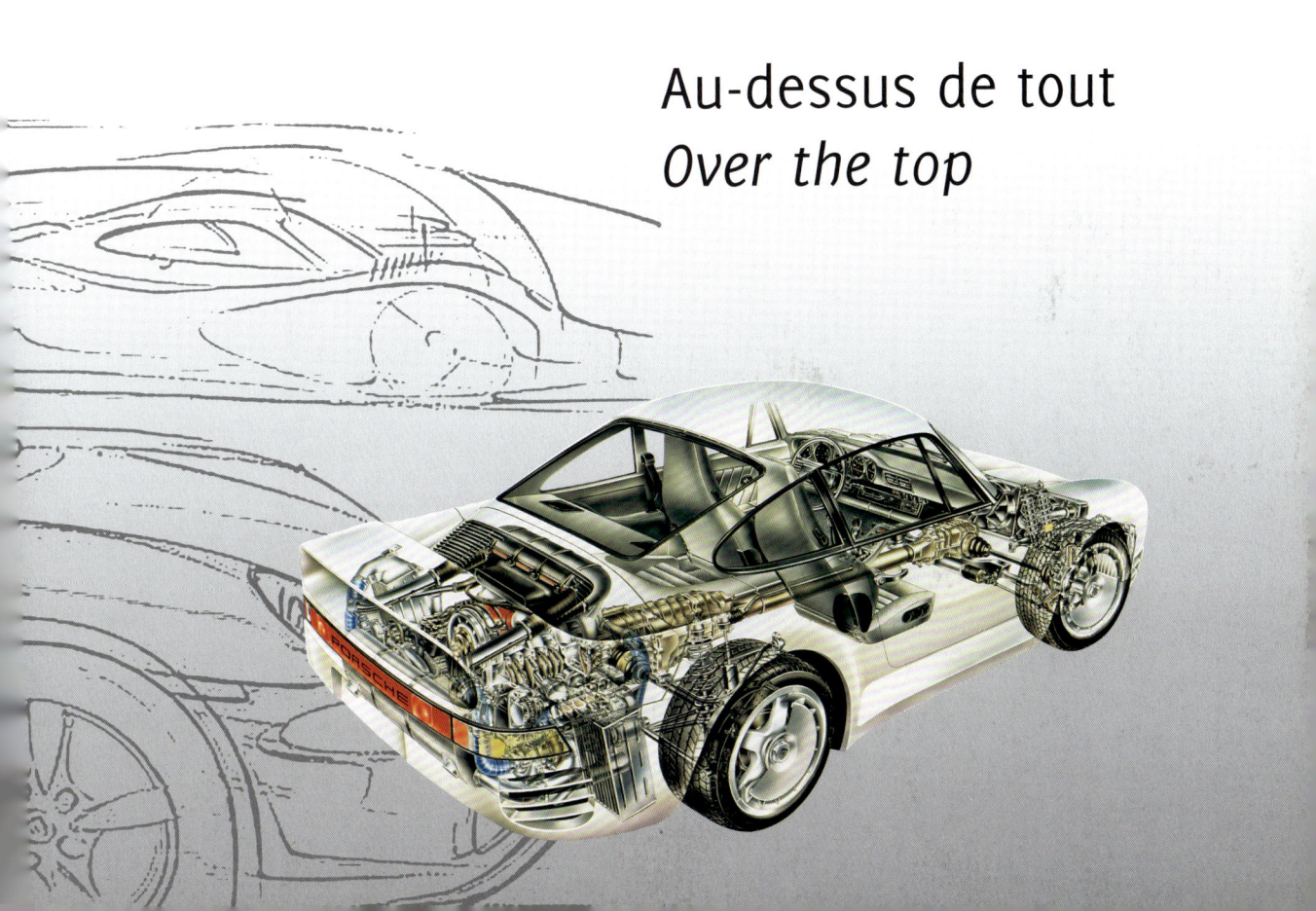

La course a toujours été le terrain d'essai idéal pour le développement de nouvelles solutions technologiques pouvant avoir des retombées avantageuses sur la production de série. C'est en appliquant ce raisonnement que Helmut Bott, à la tête des projets Porsche depuis le début des années quatre-vingt, réussit à convaincre Peter Schutz, directeur général, de créer une voiture à traction intégrale afin de participer aux compétitions du Groupe B. Pour pouvoir concourir, le règlement sportif stipulait que la voiture devait être une vraie routière, récemment homologuée et construite à deux cents exemplaires au minimum.

Cette voiture était la Porsche GT la plus incroyable et fascinante de tous les temps.

La configuration, classique, était celle de la 911, avec un moteur boxer monté à l'arrière mais doté d'un système sophistiqué à quatre roues motrices PSK (Porsche-Steuer Kupplung) capable de varier dynamiquement le couple transmis aux deux axes en fonction des conditions de conduite et d'adhérence. Même les suspensions étaient dotées d'un système auto-adaptatif. Pour le moteur, les ingénieurs allemands se basèrent sur une unité déjà disponible, le six cylindres à 24 soupapes de 2847 cm^3 conçu pour la Porsche 935 de compétition. Plus compact que celui utilisé sur la 911, il possédait un carter à refroidissement par air mais ses têtes de cylindre avaient un circuit de refroidissement liquide ; il était en outre équipé de deux turbocompresseurs séquentiels pour un couple beaucoup moins brusque. Sur la

Racing has always been the best testing-ground for developing new technological solutions that can have a major spin-off on mass production. It was with this reasoning that Helmuth Bott, head of Porsche design in the early 1980s, managed to convince Porsche CEO Peter Schutz to create a four-wheel drive car to compete in the Group B racing series. In order to be allowed to race, the championship's sporting regulations stipulated that it must be a true road car, recently homologated and built in at least 200 examples. This car was the most amazing Porsche GT car of all time.

The layout was classic 911 design, with a rear-mounted 'boxer' engine, but with a sophisticated PSK (Porsche-Steuer Kupplung) all-wheel drive system, capable of dynamically varying the torque transmitted to the two axles depending on driving conditions and grip. Even the suspension used an adaptive system, essential to make such a high-performance car drivable.

For the engine, German engineers started from something that was already available, the 24-valve six-cylinder 2847 cc unit designed for the Porsche 935 racing car. Smaller than the one used in the 911, it had an air-cooled crankcase, but its cylinder heads were fitted with a water-cooled circuit; it also had two sequential turbochargers that made torque delivery much less brutal. In the production model normally offered to private customers,

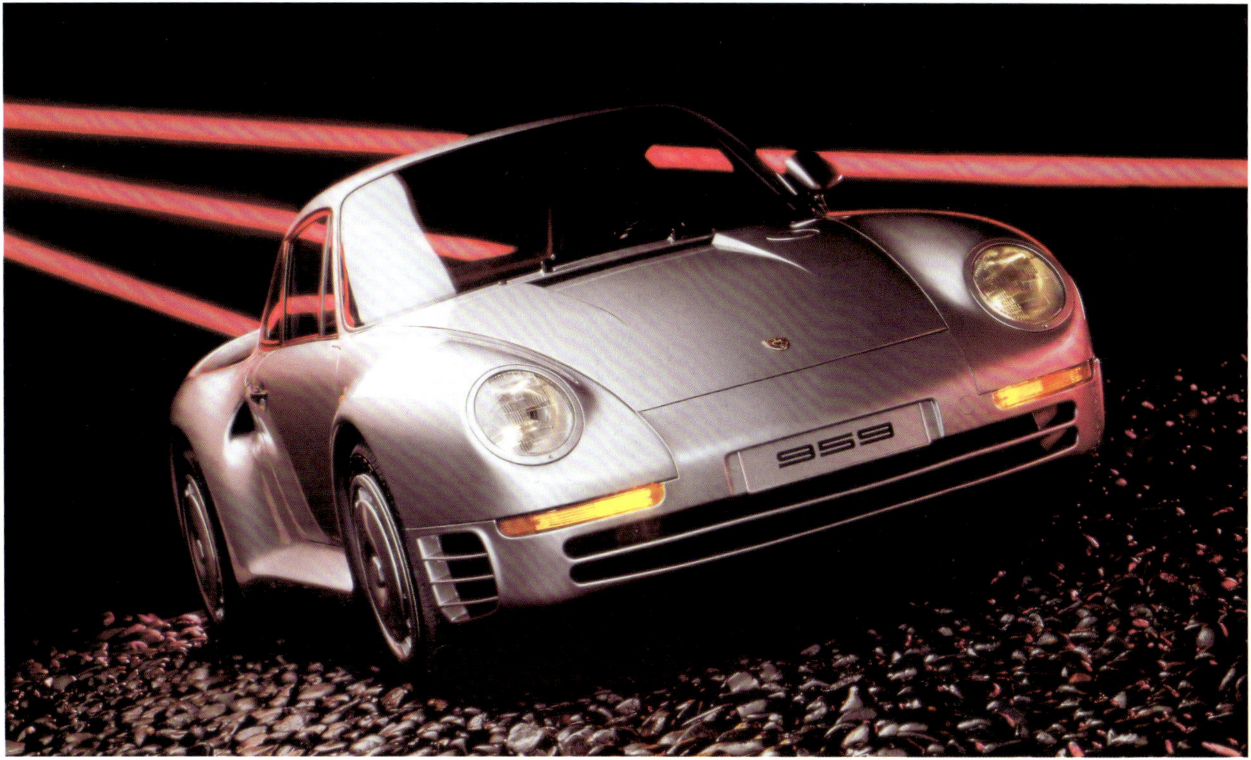
959

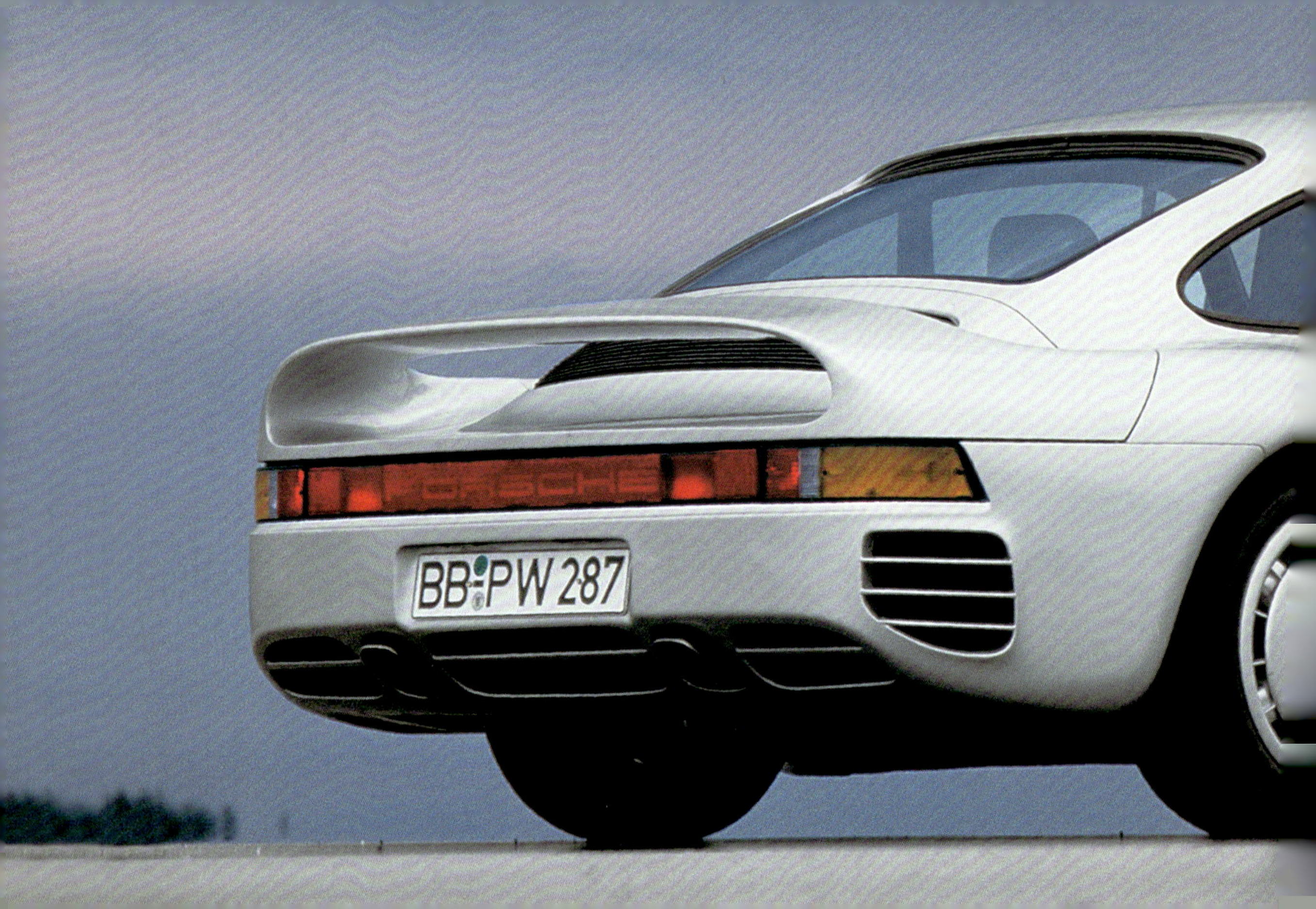
PORSCHE
BB-PW 287

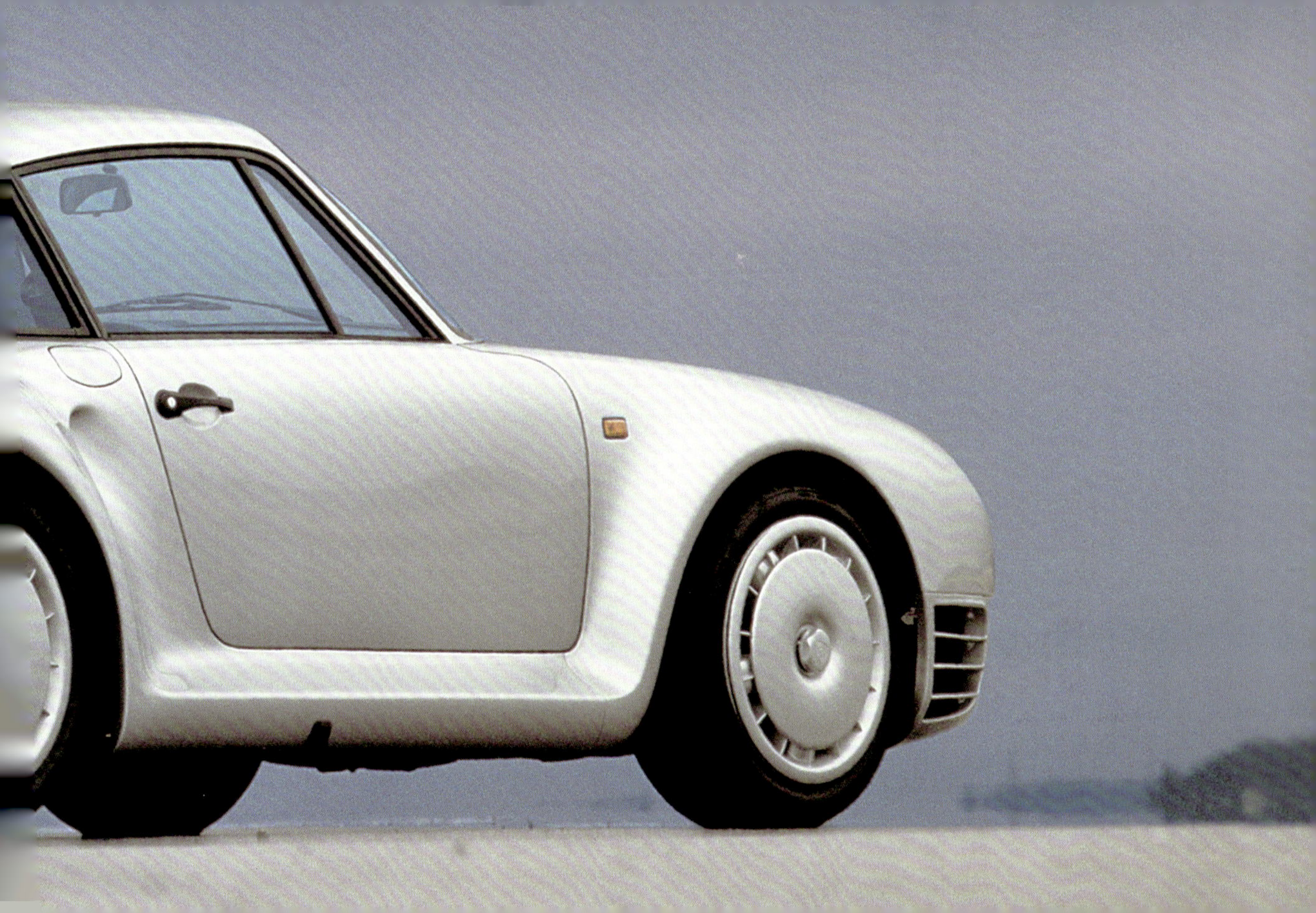

version de série généralement proposée aux particuliers, il développait « seulement » 445 chevaux, mais avec une préparation adéquate pour la course, il pouvait atteindre 600 chevaux. La forme de la carrosserie rappelait celle de la 911 et la recherche de l'efficacité aérodynamique tournait à l'obsession. Elle était en aluminium et en kevlar, fixée à un plancher en Nomex. De cette manière, on obtenait un poids d'à peine 1450 kilos, beaucoup moins que les routières en acier. La Porsche 959 fut présentée en avant-première au Salon de l'automobile de Francfort à l'automne 1983. La version de série fut présentée à l'édition de 1985 de l'exposition allemande, mais la commercialisation prévue pour l'année suivante ne put commencer qu'en 1987 à cause d'une mise au point finale plus longue que prévue. Lorsque les premiers exemplaires furent finalement remis aux clients, le prix était de 420 000 marks, un peu plus de la moitié du coût de construction de chaque modèle ; cependant, les retombées en termes d'expérience et d'image valaient vraiment le coup. Les prestations de la 959 étaient dignes d'un avion : une vitesse maximale de 317 km/h et une accélération de 0 à 100 km/h en à peine 3,7 secondes.

La production se poursuivit pendant deux ans, arrivant en tout à 292 exemplaires, 37 furent utilisés par Porsche pour sa propre activité d'expérimentation et huit voitures supplémentaires furent assemblées entre 1992 et 1993 avec des pièces qui restaient dans l'entrepôt et qui furent vendues à des collectionneurs.

it 'only' developed 445 hp, but with racing preparation it could reach 600 hp.

The body shape recalled that of the 911 and its search for maximum aerodynamic efficiency was almost maniacal. It was constructed in aluminum alloy and Kevlar, welded to a Nomex floor-pan. Weight was contained at just 1,450 kilograms, much less that normal steel-bodied road-cars.

The Porsche 959 went on display for the first time as a racing car at the Frankfurt Motor Show in the autumn of 1983, but the production version was only launched in the 1985 edition of the German trade fair. Despite a starting date that had been planned for the following year, the car only went on sale in 1987 due to final detailing taking longer than expected. When the first cars were finally delivered to customers, the price was 420,000 Marks, slightly more than half of what it cost Porsche to actually build each model; the results however in terms of experience and image more than made up for the difference. The 959's performance was closer to an airplane than a car: top speed of 317 km/h and acceleration from 0-100 km/h in just 3.7 seconds.

Production continued for a couple of years and was slightly higher than the minimum required, totaling 292 units, and 37 used by Porsche itself for experimental work, plus a further eight cars assembled between 1992 and 1993 with parts left in the warehouse, which were sold to wealthy collectors.

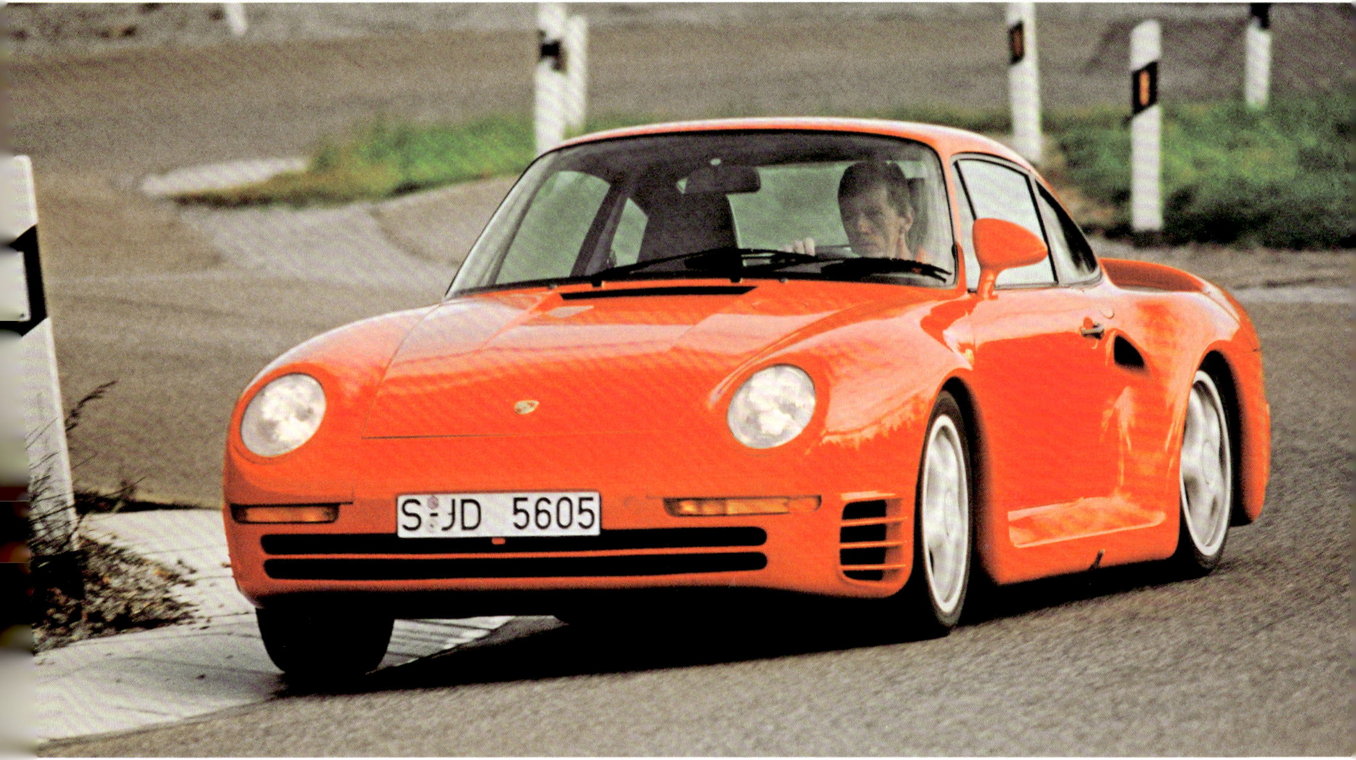
S-JD 5605

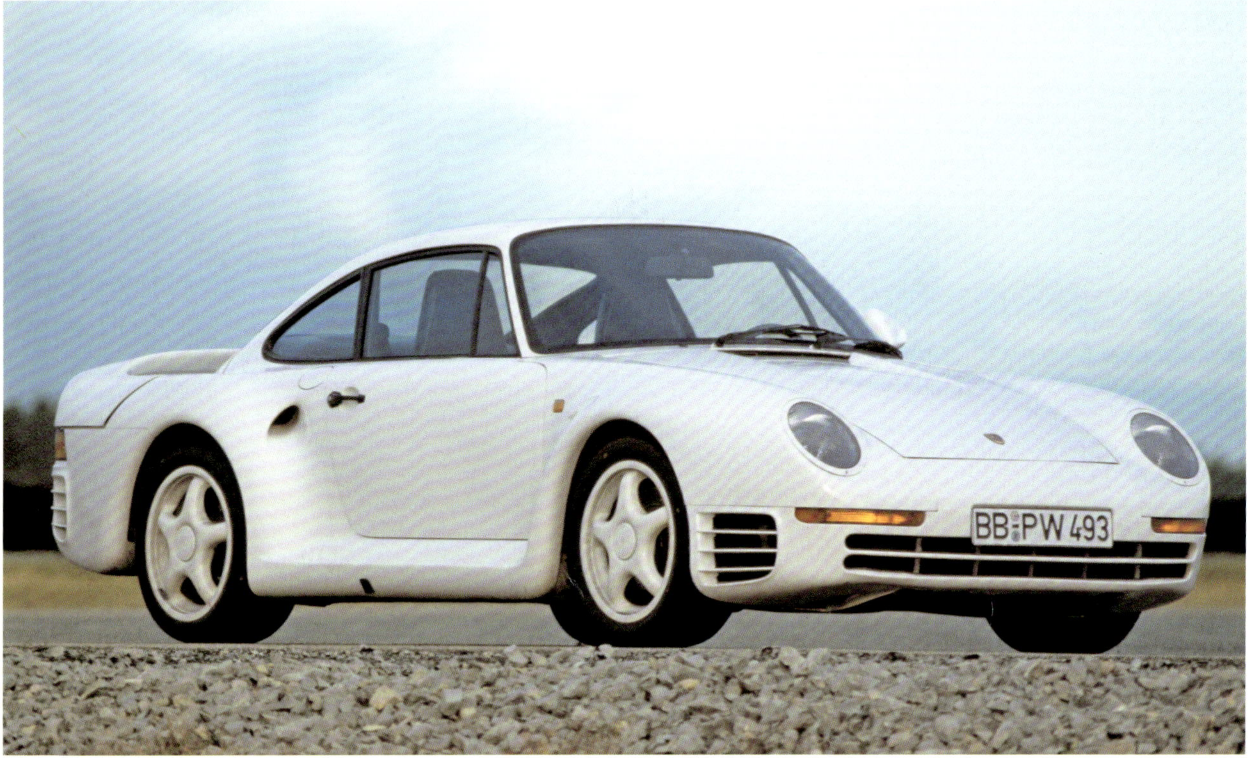
BB PW 493

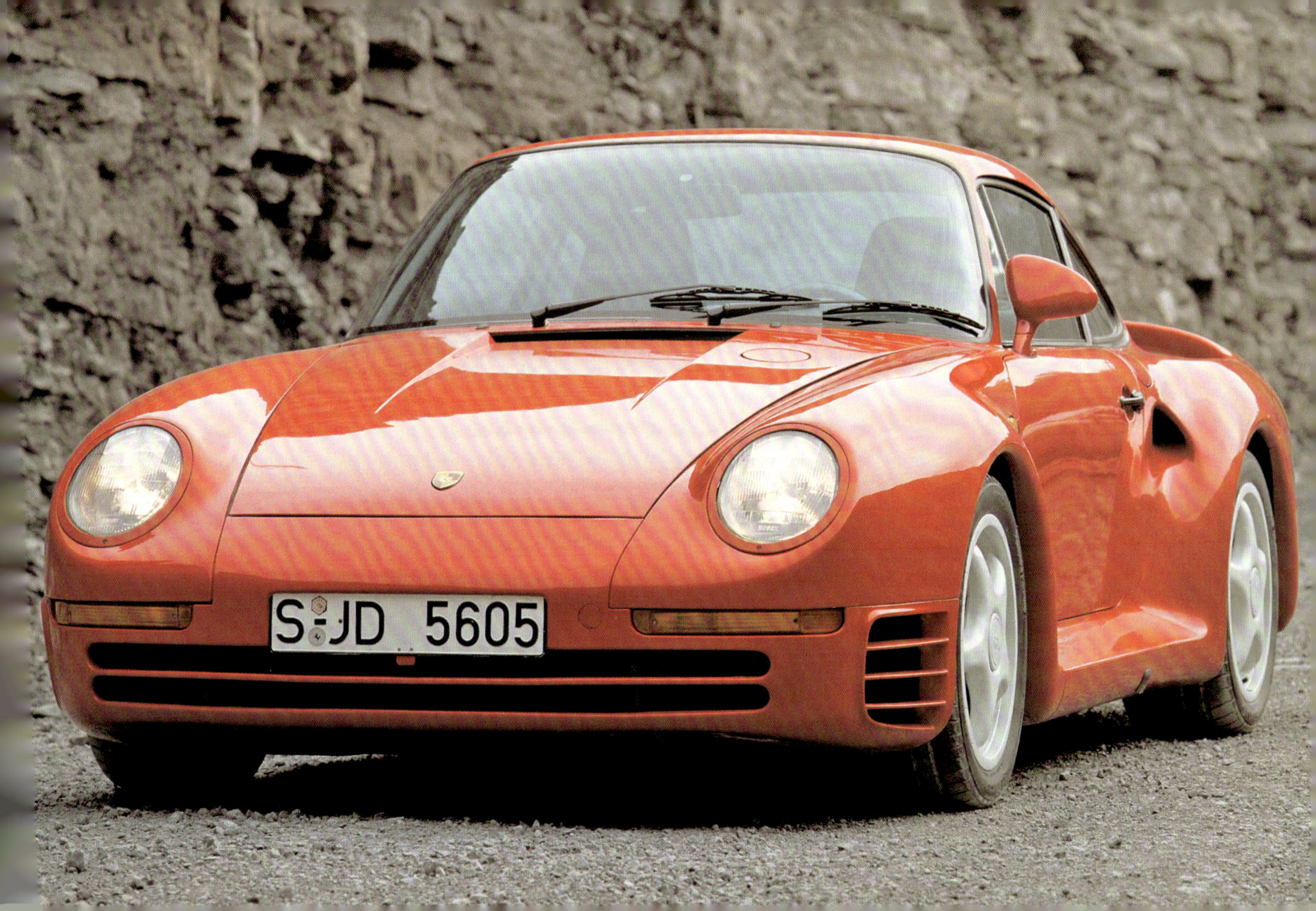
S-JD 5605

Boxster
Cayman

Petites et féroces
Bad to the bone

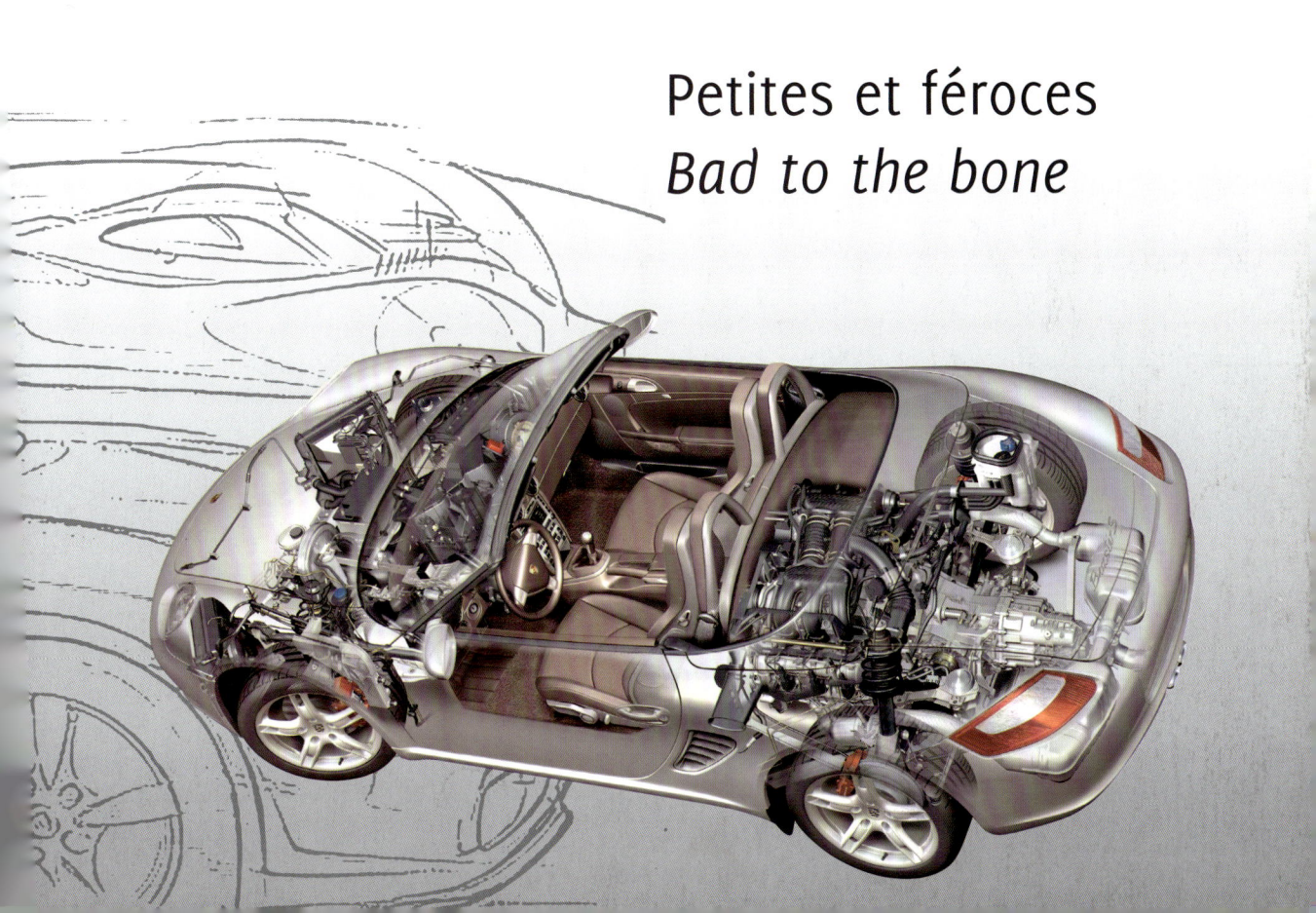

L'expérience du Gran Turismo « transaxle » avait clairement démontré qu'en plus de la légendaire 911, il y avait de la place pour un modèle moins cher, moins exigeant. Cependant, lorsque le moment fut venu de remplacer la 968, Porsche préféra abandonner l'architecture à moteur avant pour créer un produit conceptuellement plus proche de sa grande sœur à quelques différences près.

Le nouveau projet s'appelait « 986 », mais pour la première fois dans l'histoire de Porsche on décida de donner un nom à cette voiture ; elle s'appelerait Boxter, combinaison de boxer et roadster. C'était en fait une petite spider dotée d'un moteur central longitudinal installé derrière les sièges. Présenté pour la première fois en guise de *show-car* au Motor Show de Détroit en 1993, elle fut commercialisée deux ans plus tard, en été 1995.

Son allure, signée Harm Lagaay, rappelait fortement la 911, et ce n'était pas qu'un air de famille puisqu'en fait, afin de réduire les coûts, Porsche avait utilisé les mêmes tôles - surtout pour l'avant de la voiture - que pour la future 996, version mise à jour de la 911, qui serait commercialisée trois ans plus tard. Même si elle conservait le même niveau d'excellence technique et qualitative que les autres Porsche, la Boxter fut l'objet d'une profonde optimisation visant à limiter les coûts. La production fut donc confiée à une entreprise externe, Valmet Automotive, qui construisit la Boxter dans son usine d'Uusikaupunki en Finlande. La voiture était équipée d'un moteur six cy-

The experience with the "transaxle" GT cars had clearly shown that there was room for a cheaper, less demanding model alongside the legendary 911. When the time came to replace the 968 however, Porsche opted to abandon the front-engine layout to create a product that in concept was much closer to its 'big brother', albeit with several differences.

The new project was called '986', but for the first time in Porsche history it was decided to give the car a name, Boxster, a combination of boxer and roadster; it was actually a small spyder with a mid-mounted engine behind the seats. Presented for the first time as a show-car at the 1993 Detroit Motor Show, it went on sale two years later in the summer of 1995.

Its Harm Lagaay-designed shape strongly recalled that of the 911, and this was not only due to 'family feeling'; in order to reduce costs, it actually shared numerous sheet components with the future 996, the updated version of the 911 which would go on sale three years later. Despite maintaining the same level of technical and quality excellence as the other Porsches, the Boxster underwent major refinement aimed at limiting costs; production was entrusted to an external firm, Valmet Automotive, which built it in its factory in Uusikaupunki, Finland.

The car was fitted with a new six-cylinder 2.5 litre 'boxer' unit, which for the first time was water-cooled,

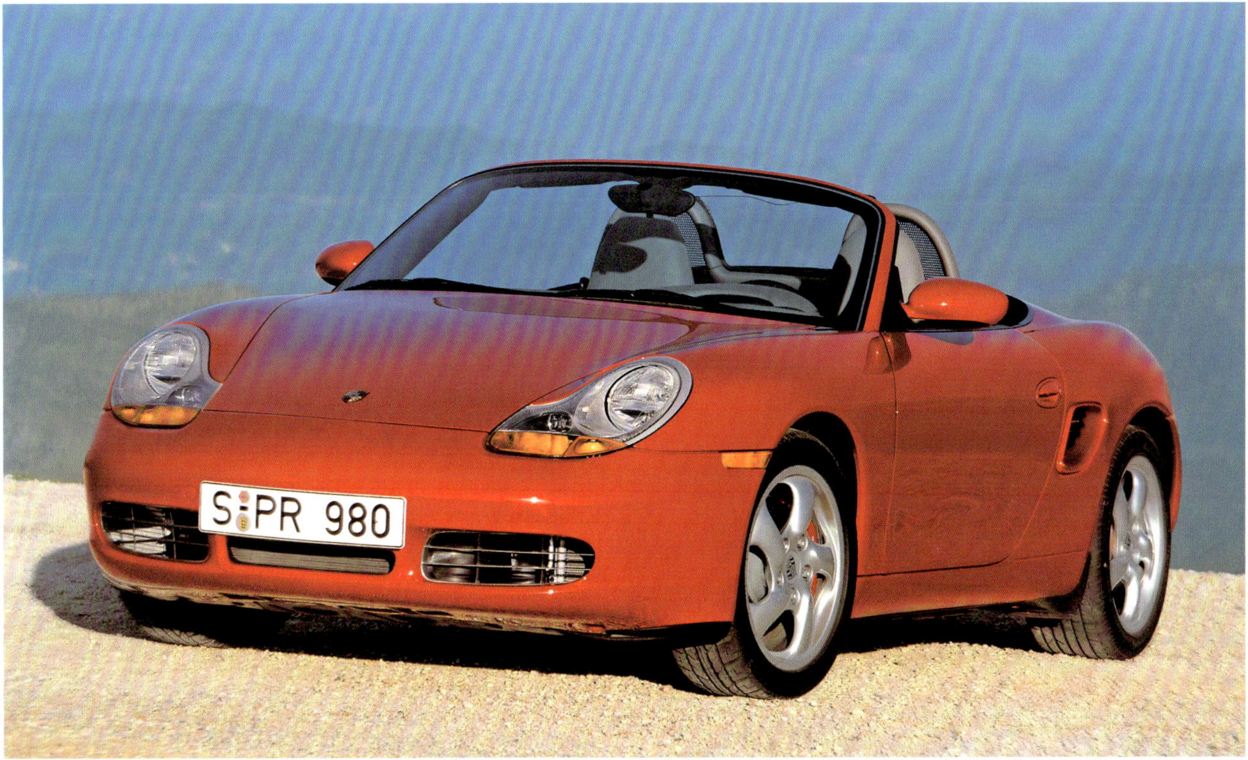
S PR 980

lindres boxer de 2,5 litres inédit qui, en avance sur la future 911, était à refroidissement liquide. La première édition de la voiture développait 201 chevaux mais en 2000, la cylindrée passa à 2,7 litres portant la puissance à 217 chevaux. La Boxter S, plus agressive, fut lancée au même moment avec son moteur 3,2 litres de 249 chevaux.

Son prix, bien inférieur à celui de la 911, son allure captivante et ses bonnes prestations se sont avérés être une formule gagnante et garantirent à la Boxter un succès immédiat et durable. Elle est la Porsche la plus vendue de tous les temps.

La deuxième génération, lancée au Salon de l'automobile de Paris à l'automne 2004, était le fruit du projet 987, radicalement différent de la version précédente. Compte tenu du succès de la Boxter, on décida de ne pas changer son apparence mis à part quelques modifications aux pare-chocs et aux phares, ainsi que quelques améliorations de l'habitacle et de la mécanique. On opta en outre pour un moteur légèrement plus puissant.

C'est exactement un an plus tard que Porsche présenta sa grande nouveauté au Salon de Francfort : un coupé du nom de Cayman. La base mécanique était quasiment identique à celle de la Boxster mais les moteurs bien plus puissants. Lors du lancement, seule la version « S » était disponible avec son moteur 3,4 litres de 291 chevaux, tandis que la version normale fit son apparition le printemps suivant avec son moteur 2,7 litres boosté à

and this was an anticipation to the future of the 911. The first edition of the car produced 201 hp, but in 2000 the engine was boosted to 2.7 litres and power went up to 217 hp; at the same time, the aggressive Boxster S was also launched, with a 3.2 litre engine producing 249 hp.

The lower price than the 911, its aggressive appearance and satisfactory performance, all proved to be a winning formula and guaranteed the Boxster an immediate, long-lasting success that helped it become the top-selling Porsche model of all time.

The second generation, launched at the Paris Motor Show in the autumn of 2004, was the result of the 987 project and was radically modified from the previous version.

Given the overall success of the Boxster, it was decided not to alter the car's appearance and just a few modifications were made to the bumpers and headlights, together with several interior finishing improvements. Slightly more powerful engines were also fitted.

Exactly one year later, Porsche presented a significant new version at the Frankfurt Motor Show: the Cayman coupé. The mechanical base was virtually the same as the Boxster but the engines were more powerful. At the time of the launch, only the "S" version was available, powered by a 291 hp 3.4 litre engine, while the standard version came on the market the following spring and it

135

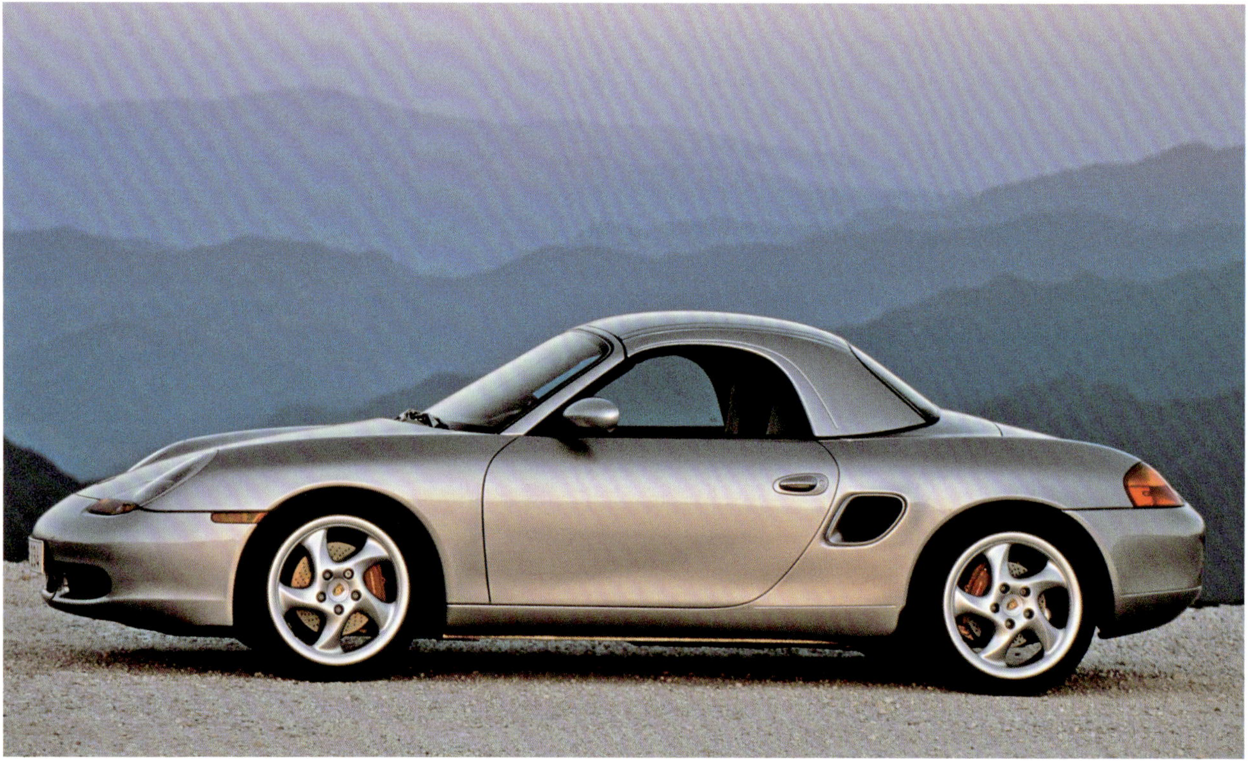

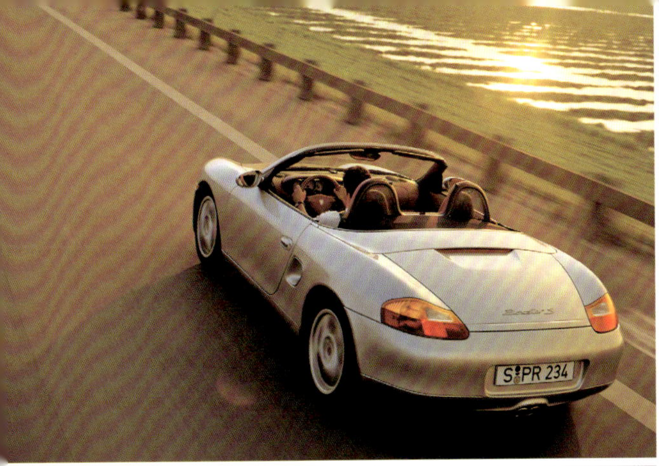
S PR 234
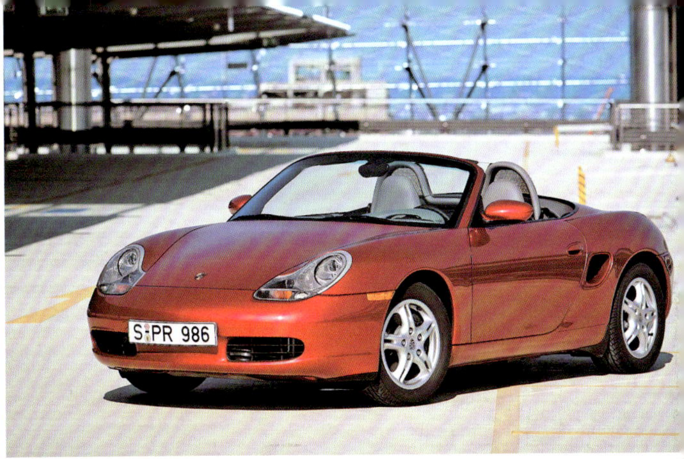
S PR 986
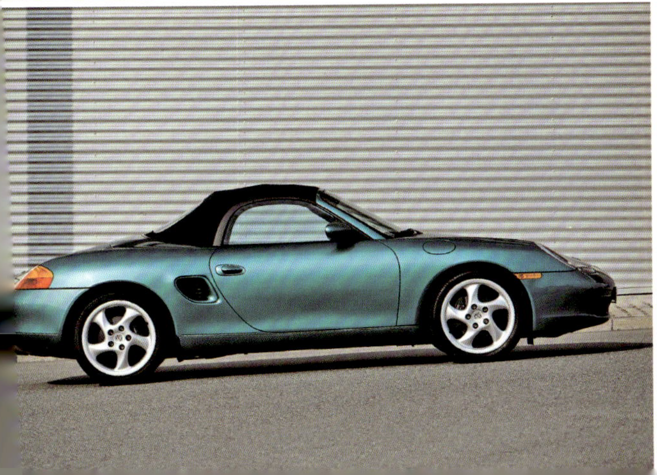
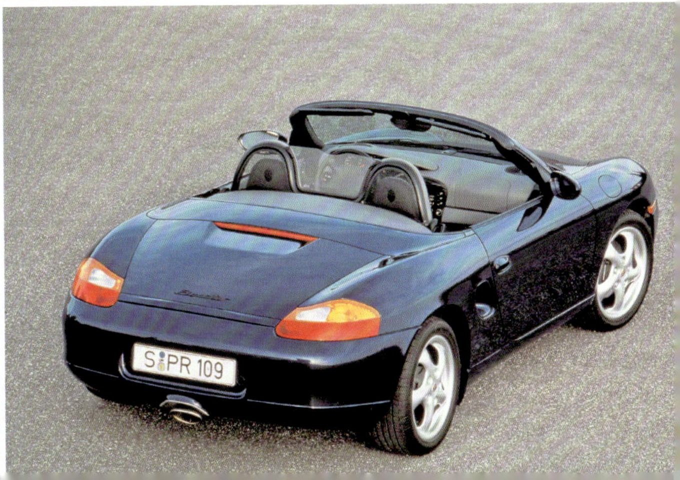
S PR 109

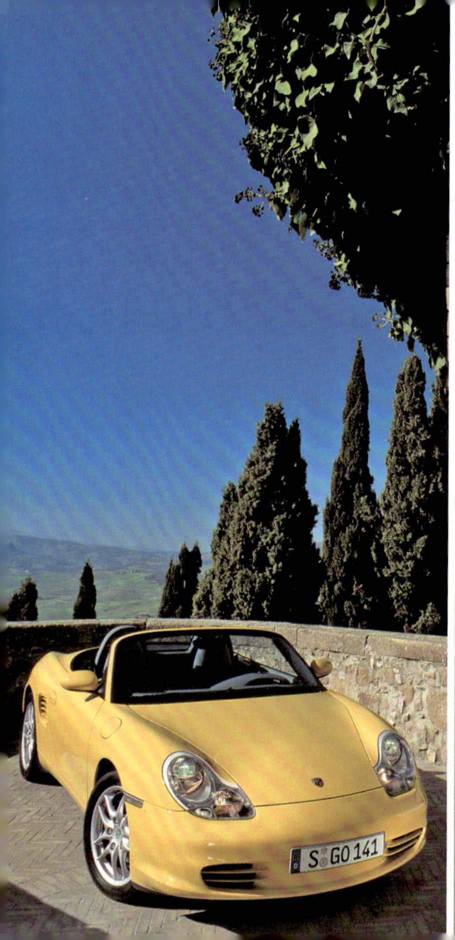
S GO 141

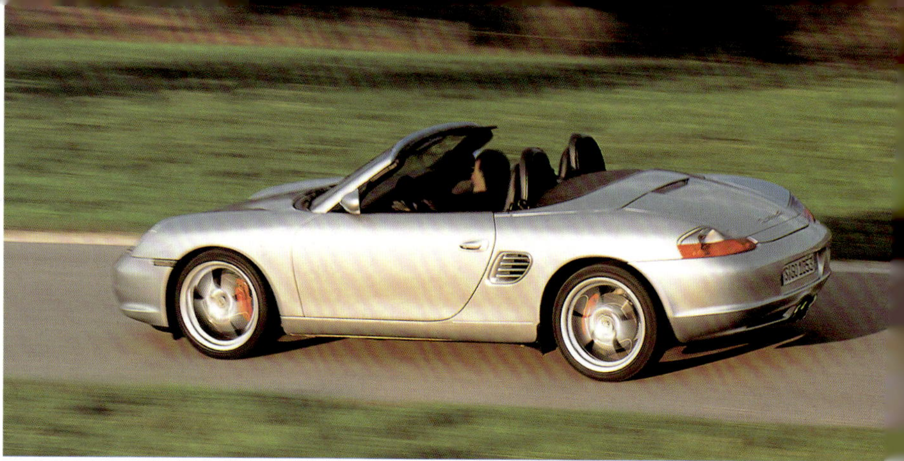

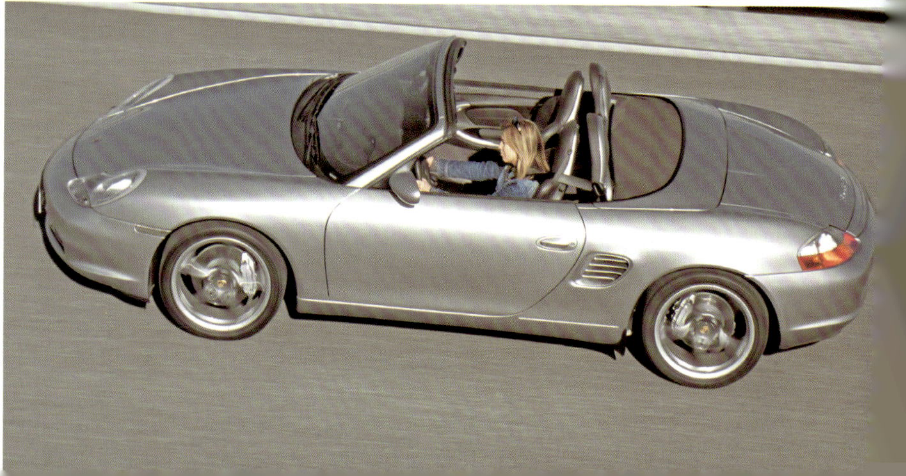

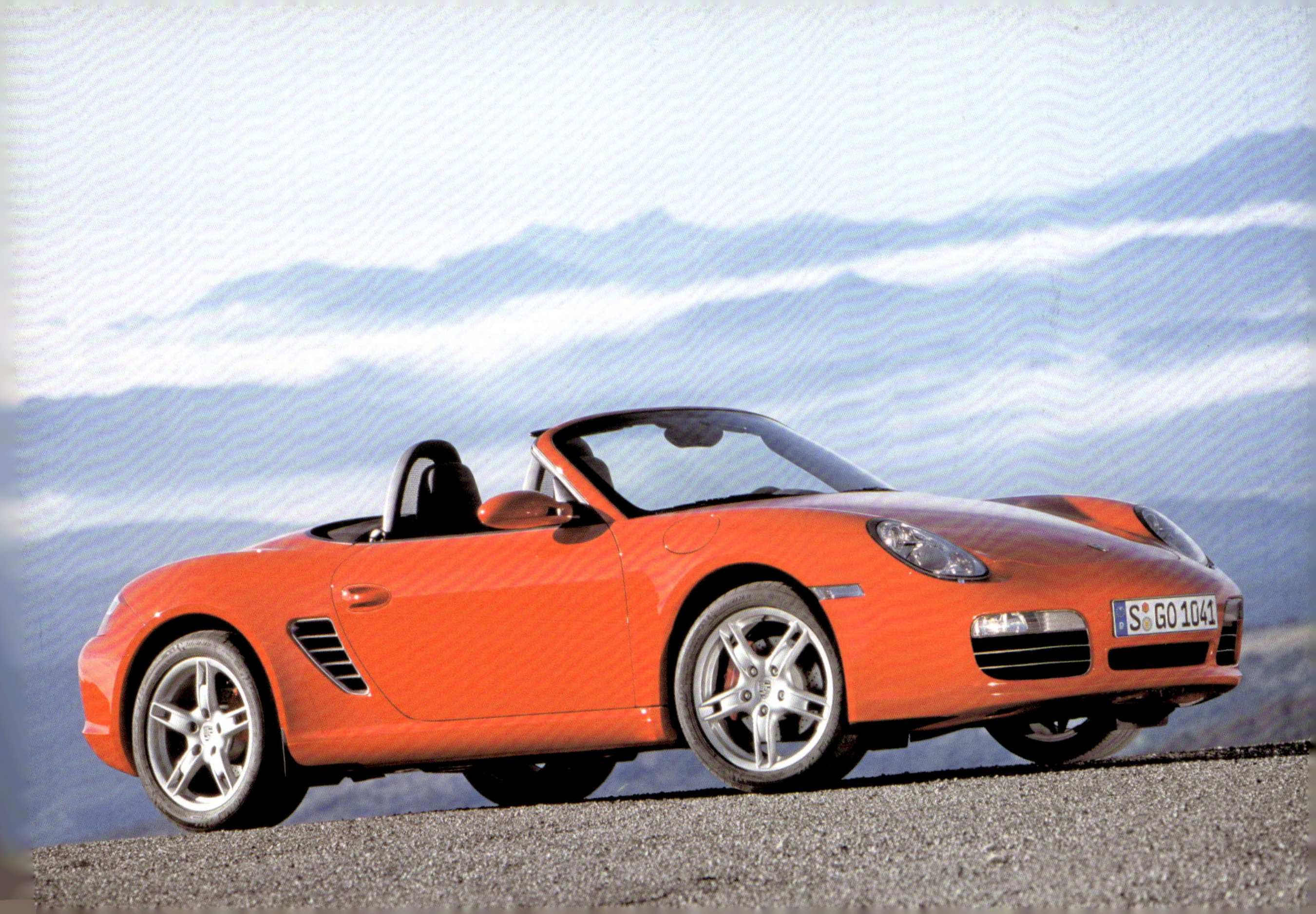
S GO 1041

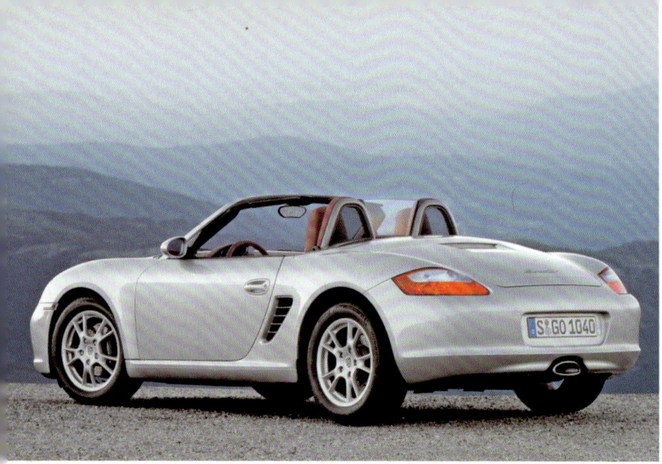
S GO 1040

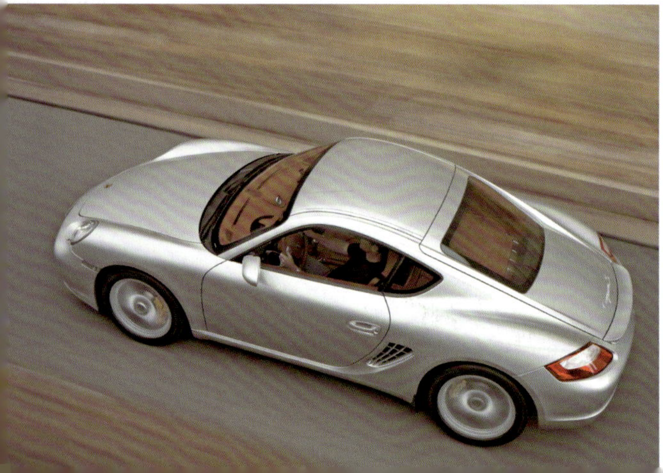

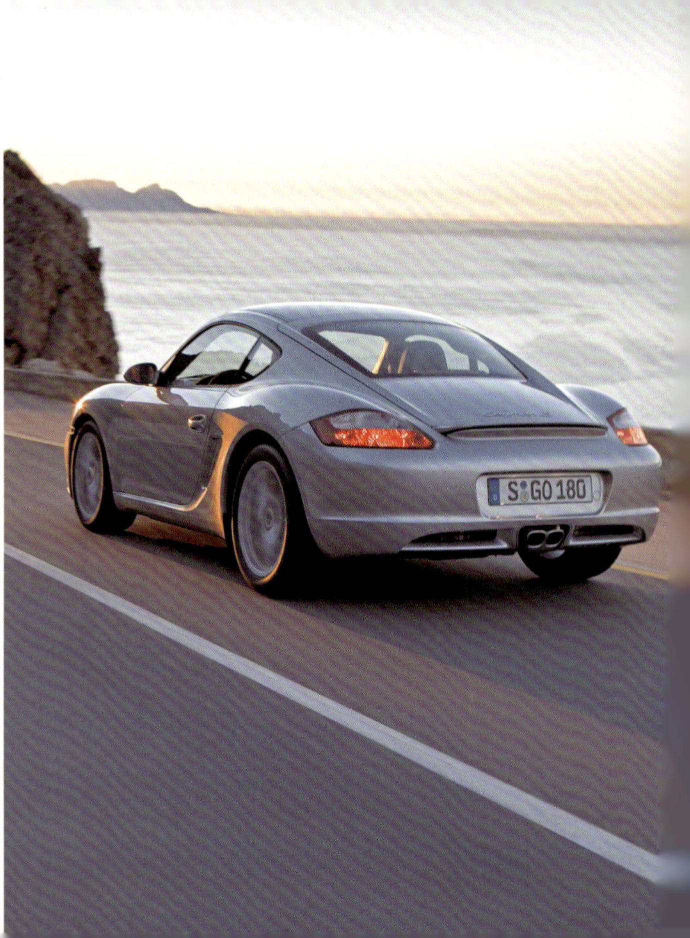
S GO 180

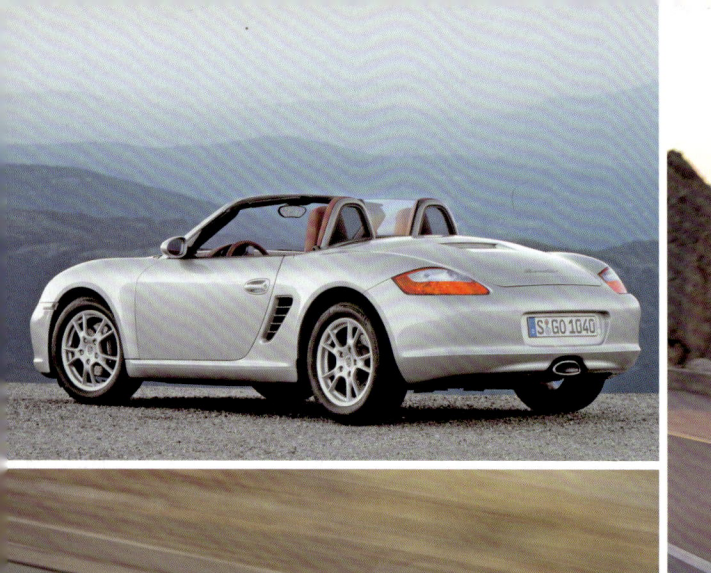

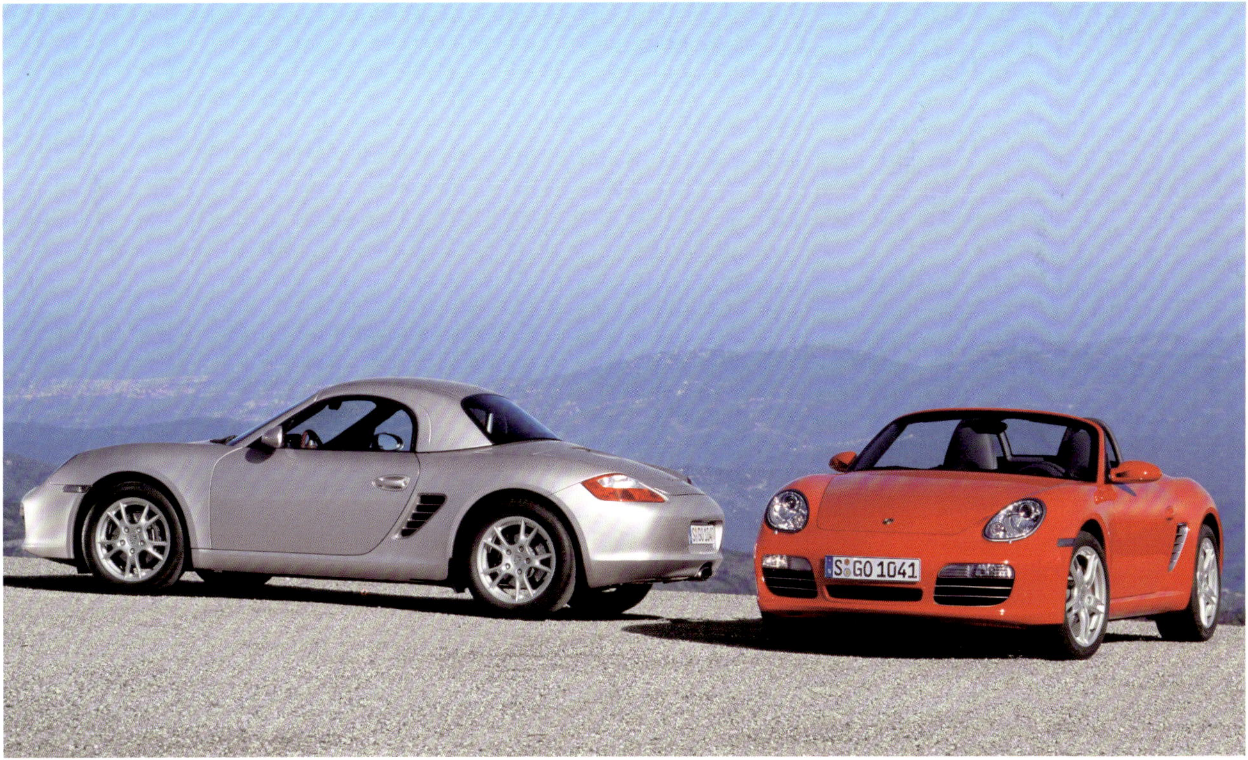
S GO 1041

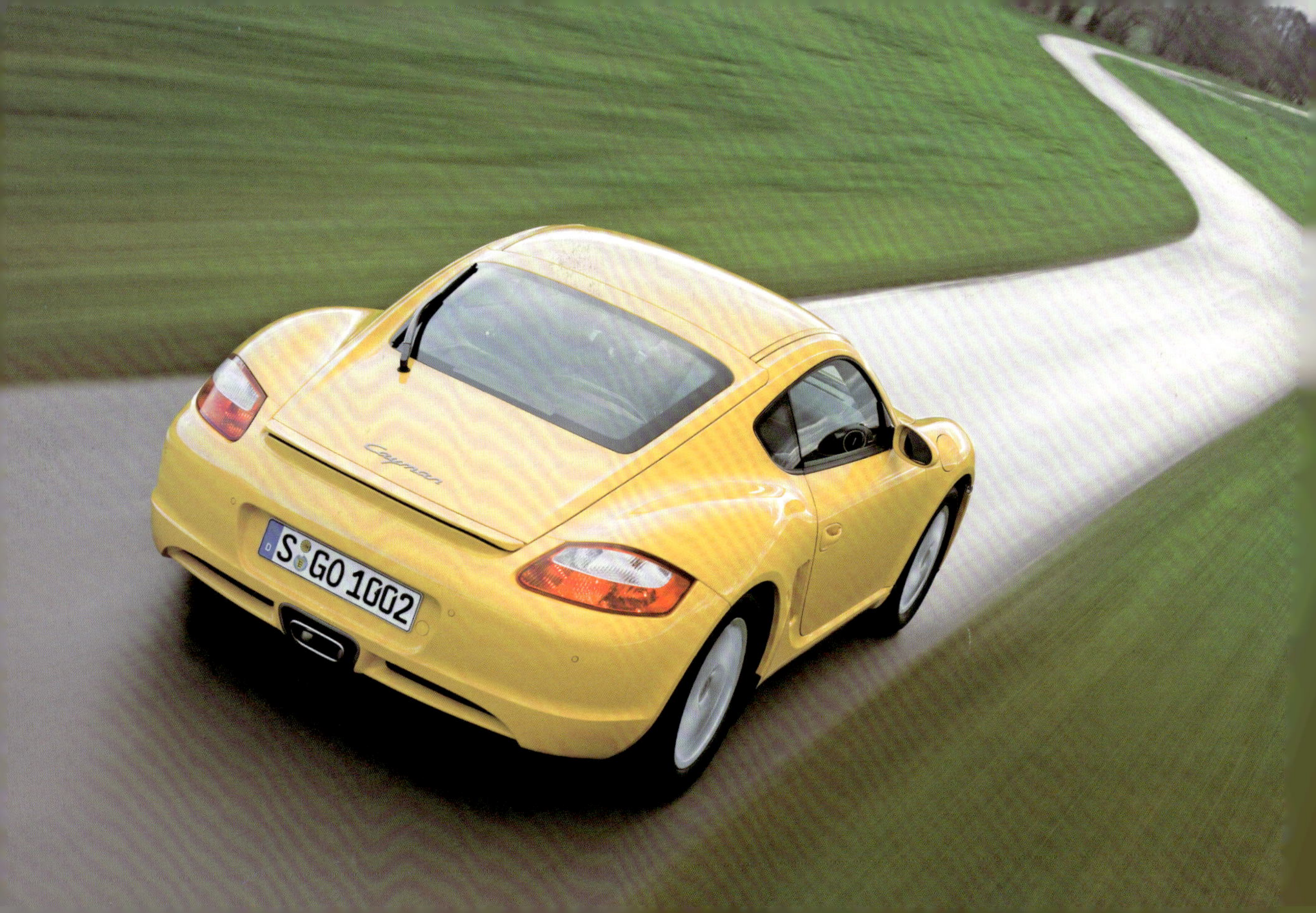
Cayman
S GO 1002

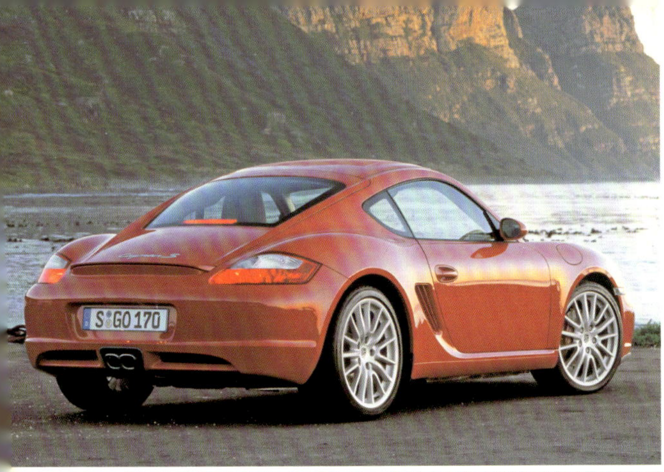
S GO 170
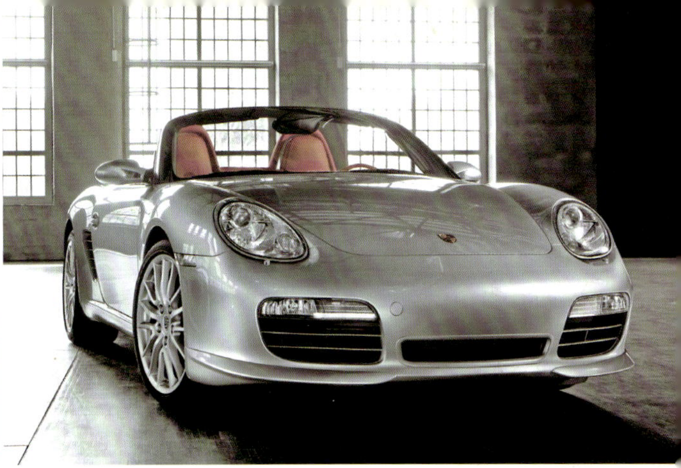
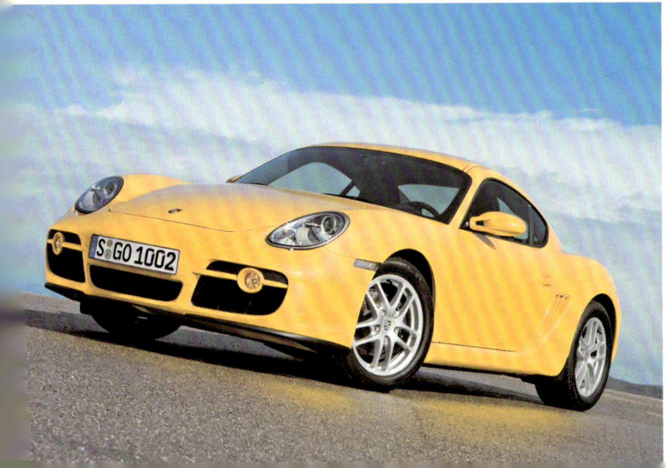
S GO 1002
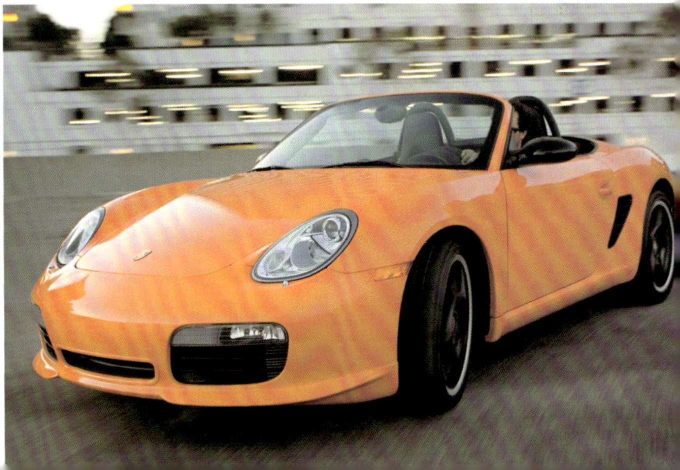

241 chevaux et équipé du système VarioCam Plus pour la variation du calage ; ces deux éléments seraient introduits sur la Boxster à partir du Model-Year 2007.

Toujours en 2007, une série limitée de spiders appelés « RS60 » fut réalisée pour commémorer le 60ᵉ anniversaire de la 356 Speedster.

had the usual 2.7 litre unit, boosted this time to 241 hp and equipped with the VarioCam Plus system for variable valve timing; both would be introduced on the Boxster starting from the MY 2007.

Again in 2007, a limited-edition series of spyders, called "RS60", was built to commemorate the 60th anniversary of the 356 Speedster

La RS60 était une version spéciale de la Boxster, construit pour commémorer le 60ᵉ anniversaire de l'une de ses prédécesseurs les plus célèbres, la 356 Speedster.

The RS60 was a special version of the Boxster, built to commemorate the sixtieth anniversary of one of its most famous predecessors, the 356 Speedster.

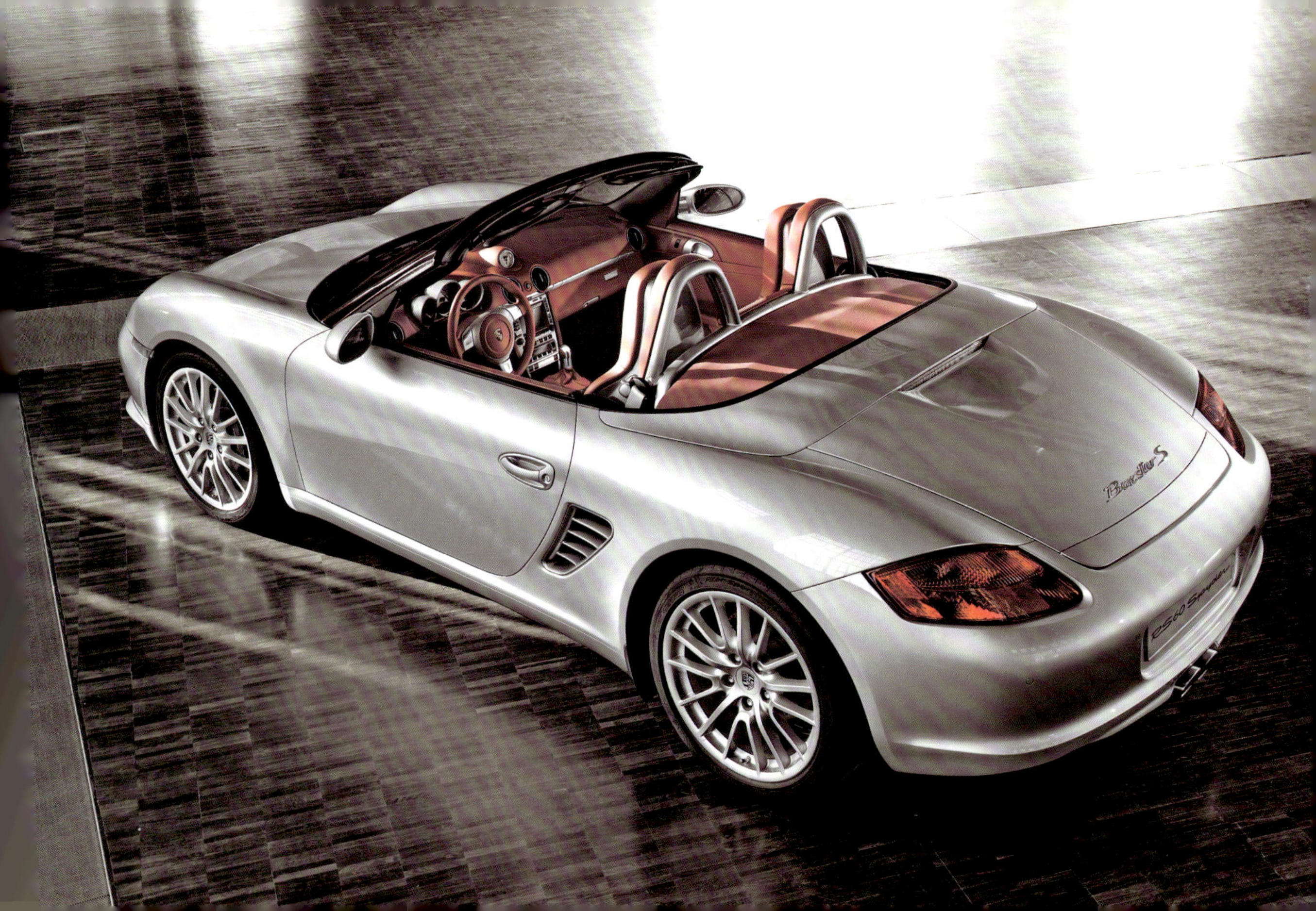
Boxster S
RS60 Spyder

Cayenne

À contre-courant
Against the grain

Au début du nouveau siècle, le marché des voitures de luxe était prêt à accueillir une Porsche différente de toutes celles qu'on avait vues jusqu'alors. La direction du constructeur de Stuttgart était convaincue que le temps était venu de réinterpréter la philosophie Porsche en créant un modèle inédit. Fiabilité, qualité, plaisir de conduire, excellence technique pouvaient donner vie non seulement à des sportives fascinantes mais aussi à un véhicule utilitaire sport captivant.

C'était un projet ambitieux pour Porsche, réalisé une fois encore en collaboration avec le Groupe Volkswagen. Lorsque la nouvelle usine Porsche fut inaugurée au printemps 2002, les invités purent découvrir la Cayenne en avant-première. Imposante, haute, robuste et puissante, la Cayenne avait un air de famille avec les modèles GT de Porsche. Sous la carrosserie, une mécanique sophistiquée à traction intégrale permanente, dotée d'un différentiel autobloquant et d'un système de suspension active évolué à hauteur réglable. Les moteurs étaient fabuleux et initialement deux V8 de 4,8 litres furent utilisés accompagnés d'une boîtes six vitesses, manuelle ou automatique « Tiptronic S » : à aspiration natuelle de 340 chevaux pour la Cayenne S et suralimenté de 450 chevaux sur la Cayenne Turbo. Ce n'est que l'année suivante que fut proposée une version d'entrée de gamme équipée d'un V6 de 3,4 litres dérivé Volkswagen développant « seulement » 250 chevaux. La Cayenne Turbo S de 2006 devint

At the start of the new century, the market for luxury cars was ready for a different type of Porsche, one that had never been seen before. The management of the Stuttgart company maintained that the time was ripe to reinterpret the Porsche philosophy and produce a totally new model. Reliability, quality, driving pleasure and technical excellence could give life not only to fascinating sports cars, but also to a captivating Sport Utility Vehicle.

This was an ambitious project for Porsche, one that was carried out once again in collaboration with the Volkswagen Group. When the new Porsche factory in Leipzig was inaugurated in spring 2002, the invited guests were given a preview of the Cayenne. Large, tall, robust and powerful, the Cayenne had a certain family feeling that linked it to the Porsche GT models. The body concealed a neat permanent four-wheel-drive system, with limited-slip differential and advanced active suspension with adjustable ride height. The engines were top notch units and at first two 4.8 litre V8 units were used, mated to a six-speed gearbox, manual or "Tiptronic S" automatic: a 340 hp normally-aspirated unit for the Cayenne S and a 450 hp turbocharged one for the Cayenne Turbo. An entry-level version only went on sale the following year, fitted with a 3.4 litre Volkswagen-derived V6 engine, producing 'only' 250 hp. The Cayenne Turbo S that came out in 2006 became the quickest SUV in the world: with 521

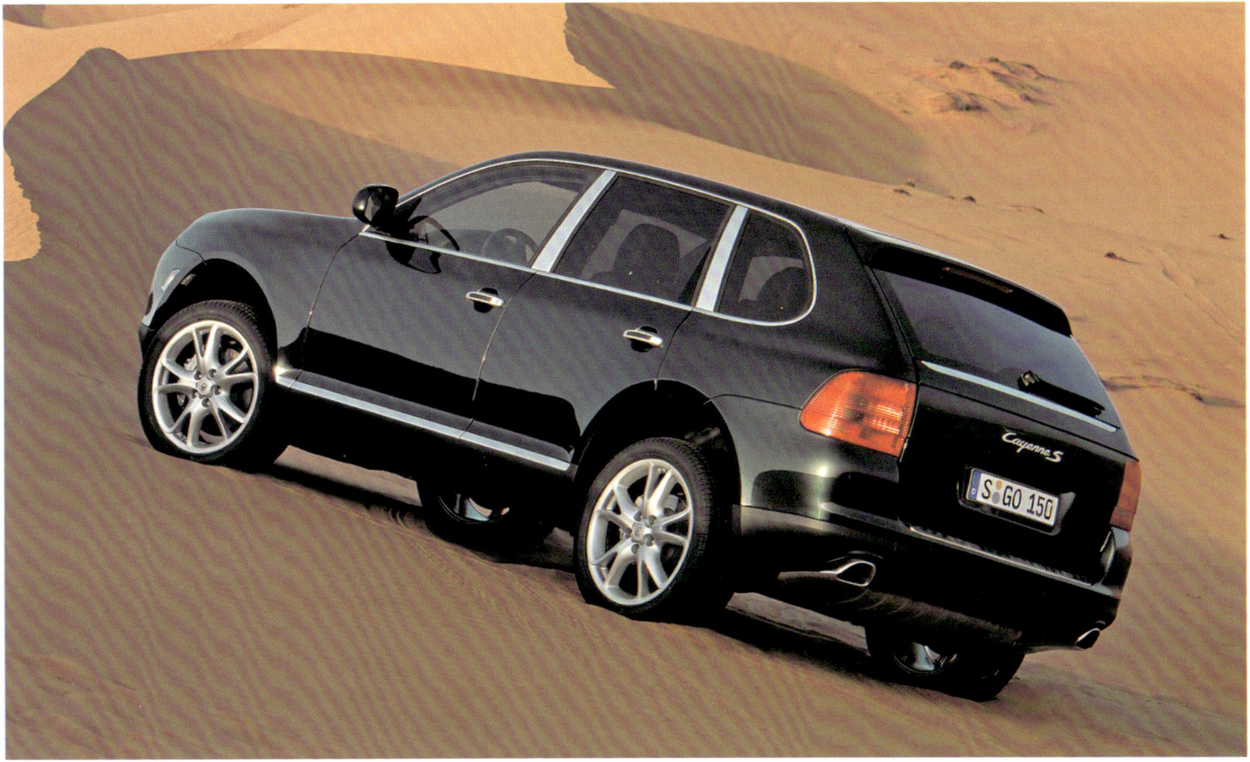
Cayenne S
S GO 150

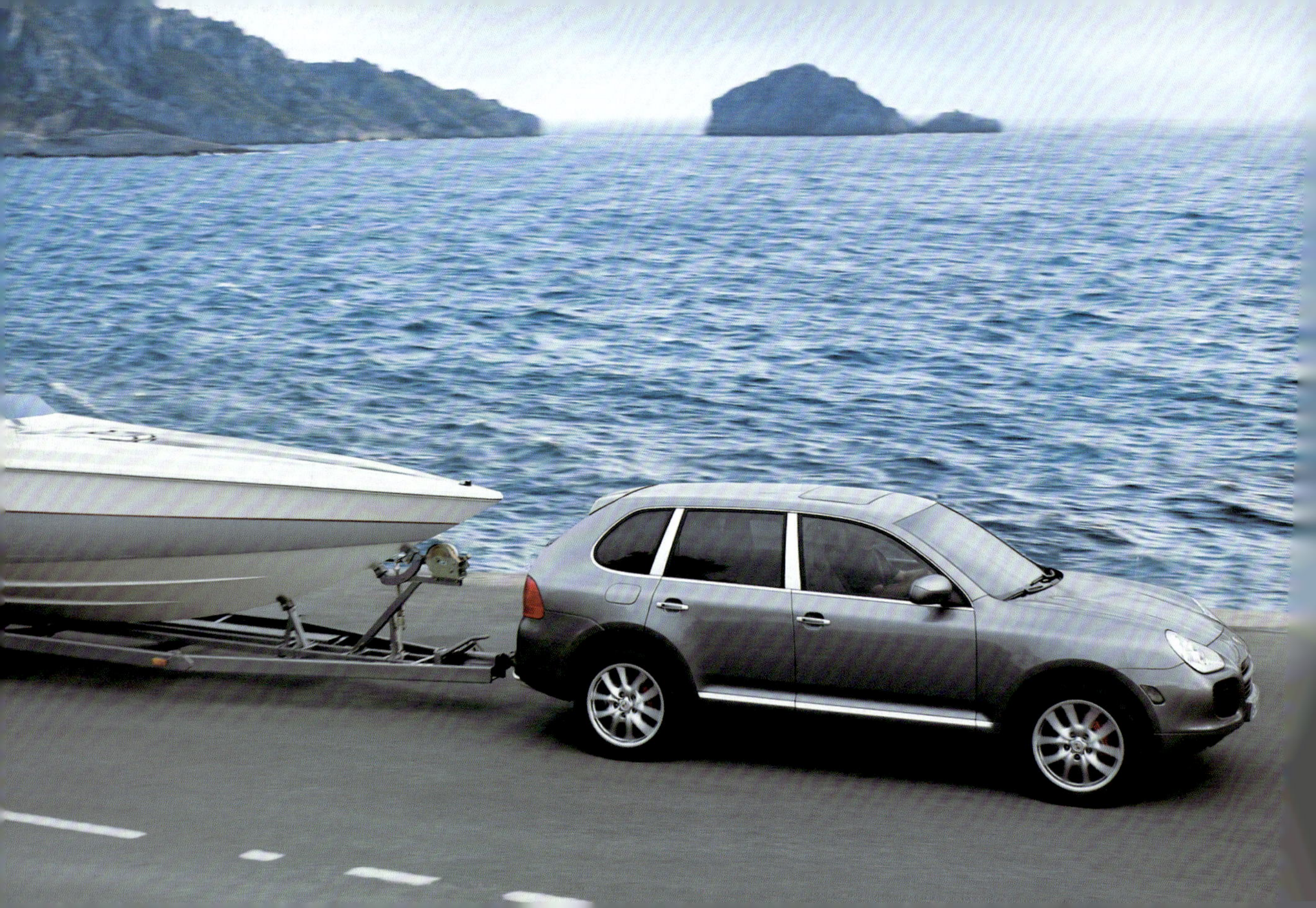

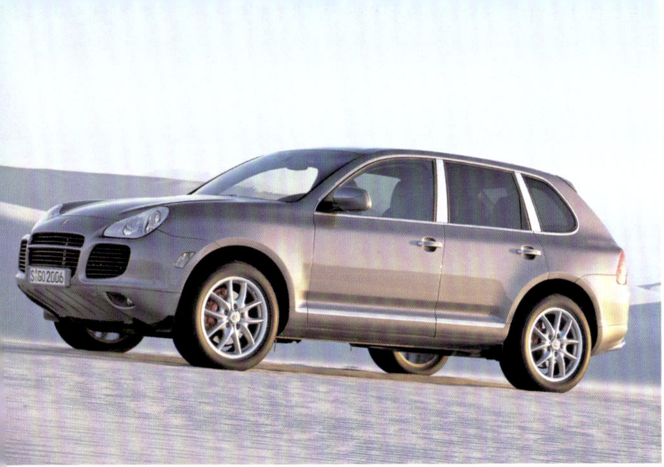
S GO 2006

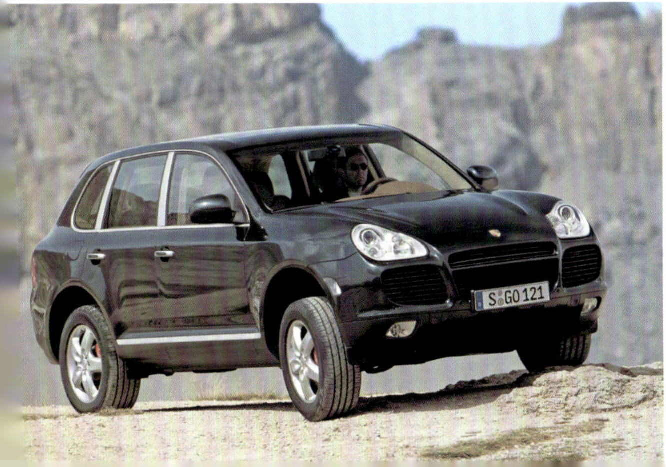
S GO 121

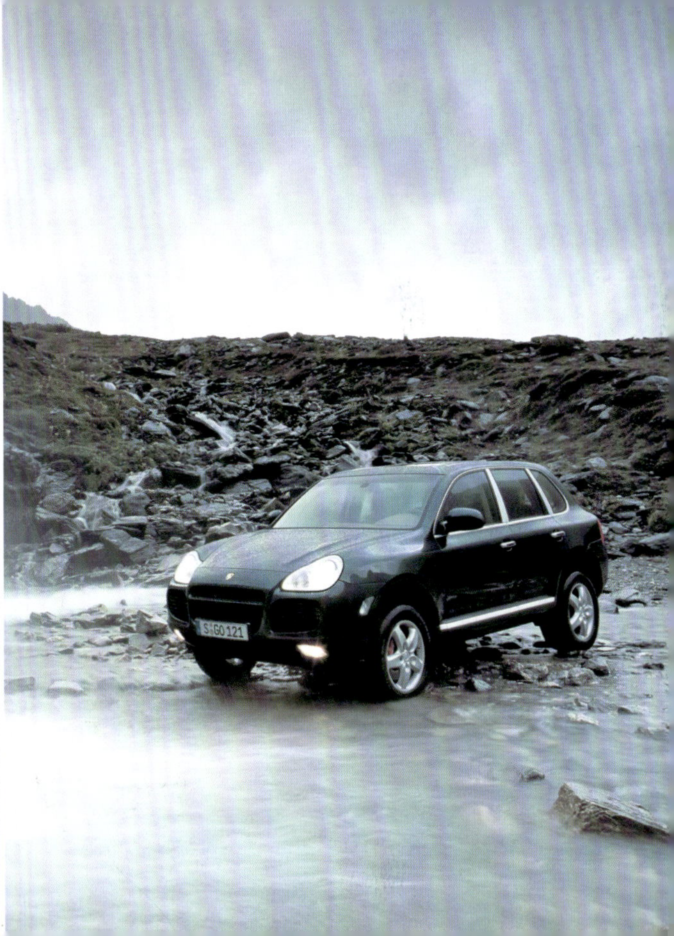
S GO 121

le SUV le plus rapide du monde : avec ses 521 chevaux et 700 N/m de couple elle pouvait atteindre 275 km/h et accélérait de 0 à 100 en 5 secondes. Tout ceci avec une excellente maniabilité même dans les conditions hors route les plus difficiles.

Une deuxième série fut lancée en 2007 après un léger relooking et quelques modifications mécaniques qui permirent de réduire l'impact des moteurs sur l'environnement grâce à l'adoption de l'injection directe de carburant. La tenue de route fut également améliorée grâce au nouveau système « Porsche Dynamic Chassis Control ».

hp and 700 N/m of torque, the car could reach a top speed of 275 km/h and accelerated from 0-100 in five seconds. All of this performance was matched by excellent handling even in the most difficult of off-road conditions.

A second series was launched in 2007, the result of a minor restyling and modifications to the mechanical components that reduced the environmental impact of the engines by adopting direct fuel injection. Road-holding was also improved with a new "Porsche Dynamic Chassis Control" system.

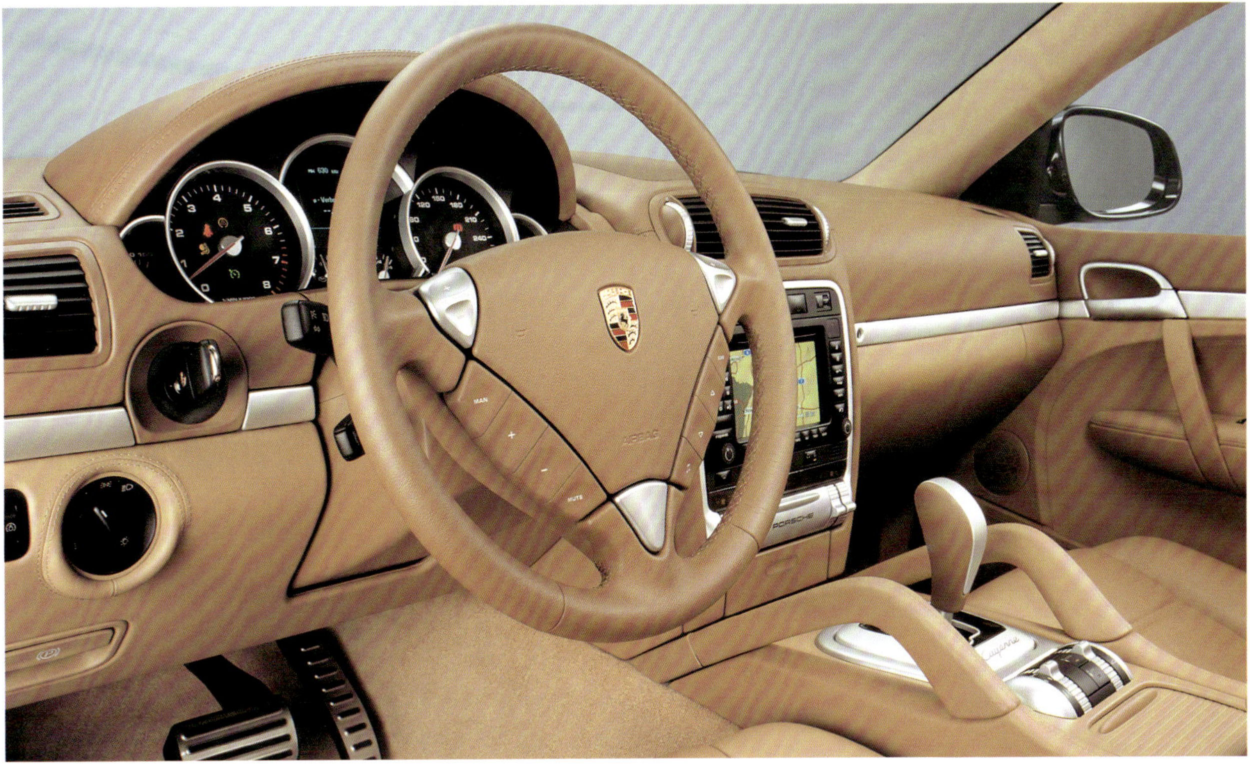
PORSCHE

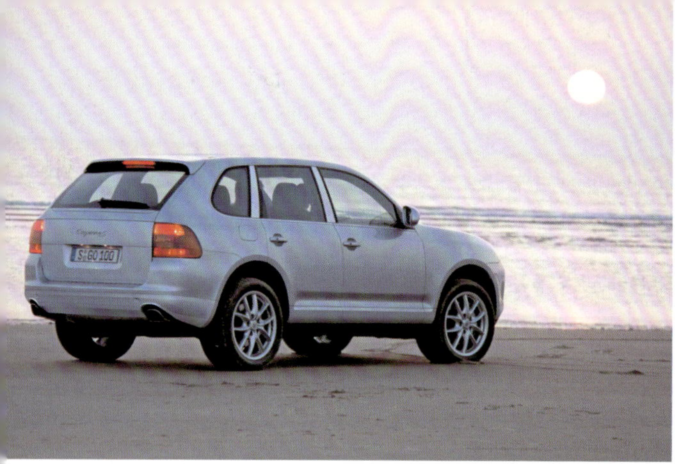
S GO 100

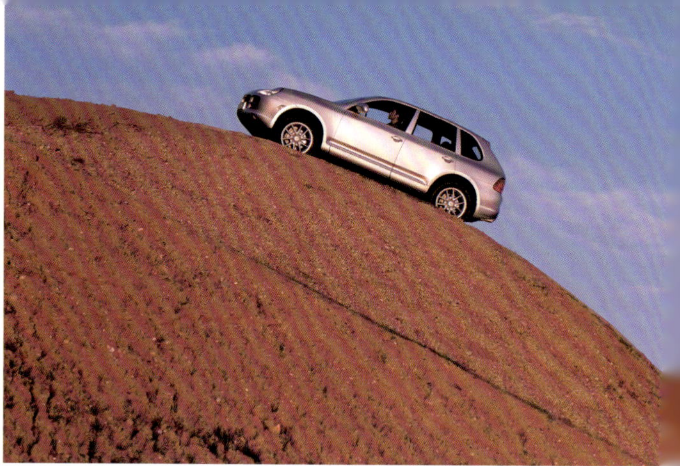

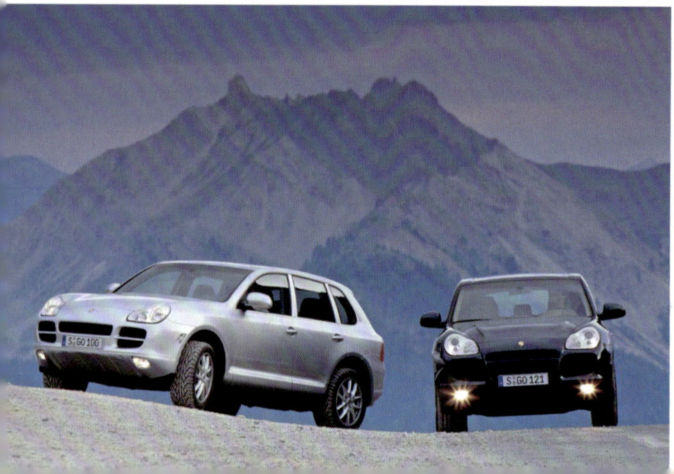
S GO 100
S GO 121

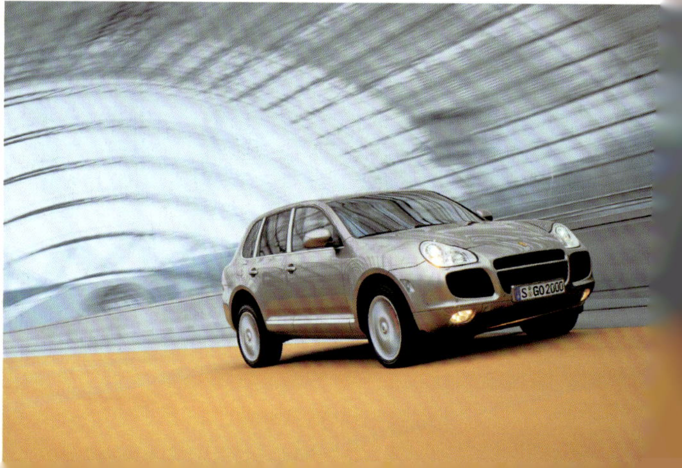
S GO 2000

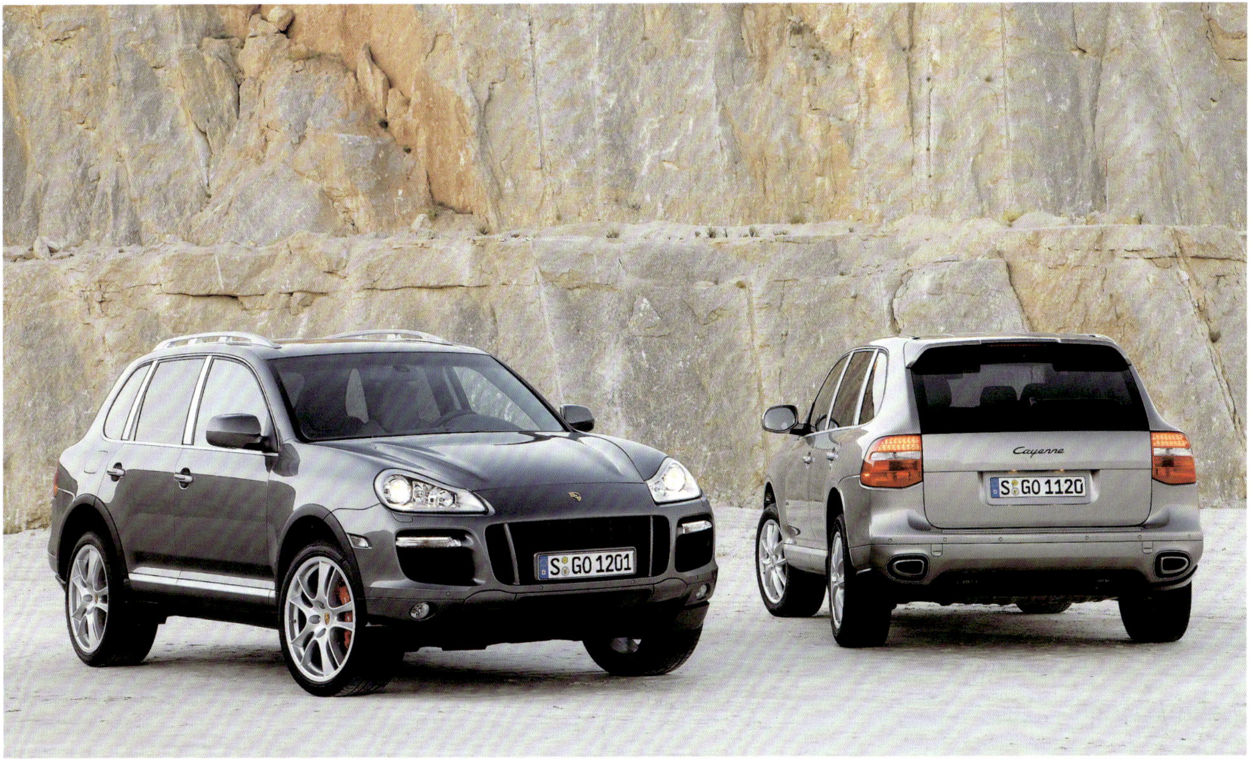
S GO 1201
Cayenne
S GO 1120

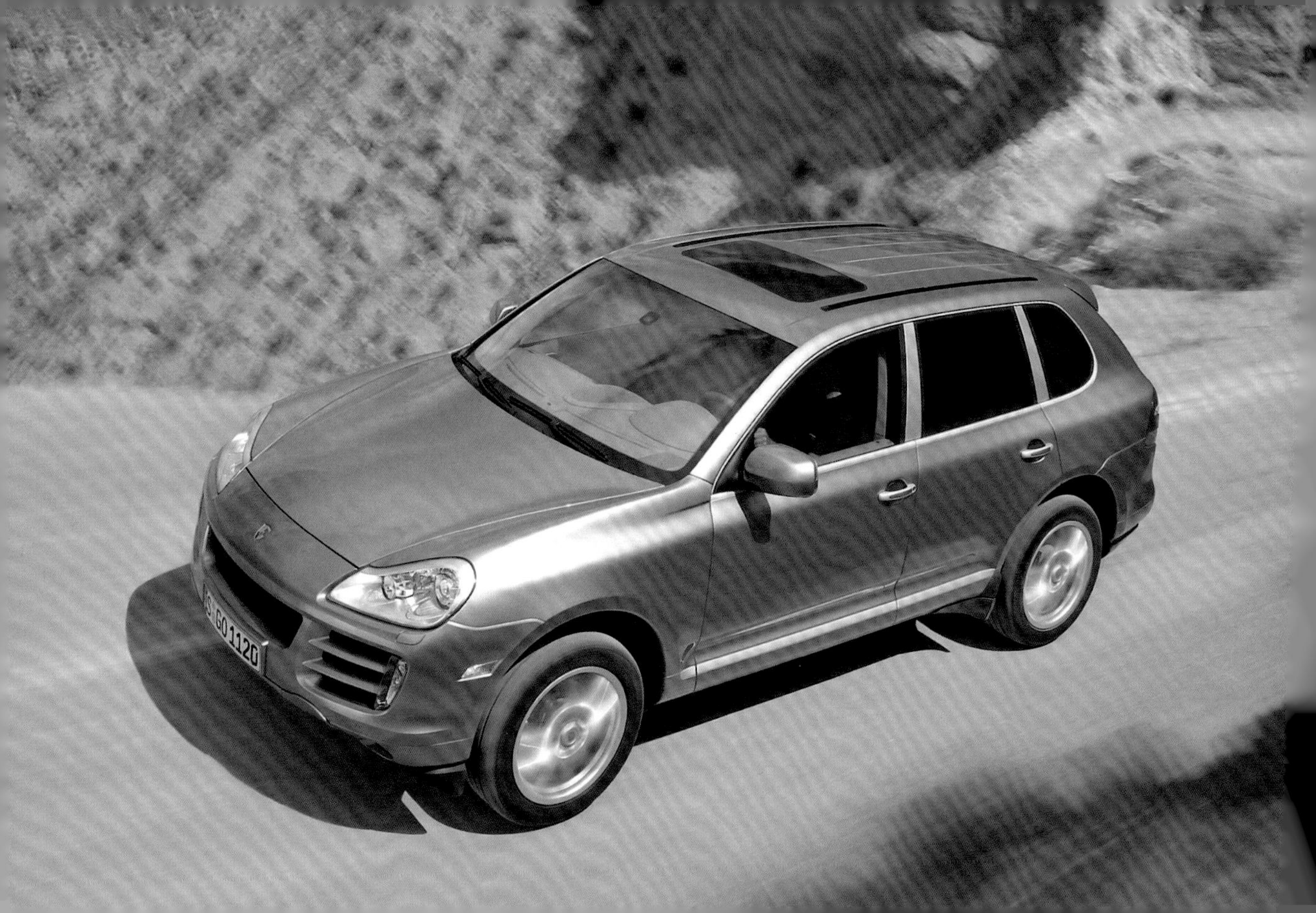
S GO 1120

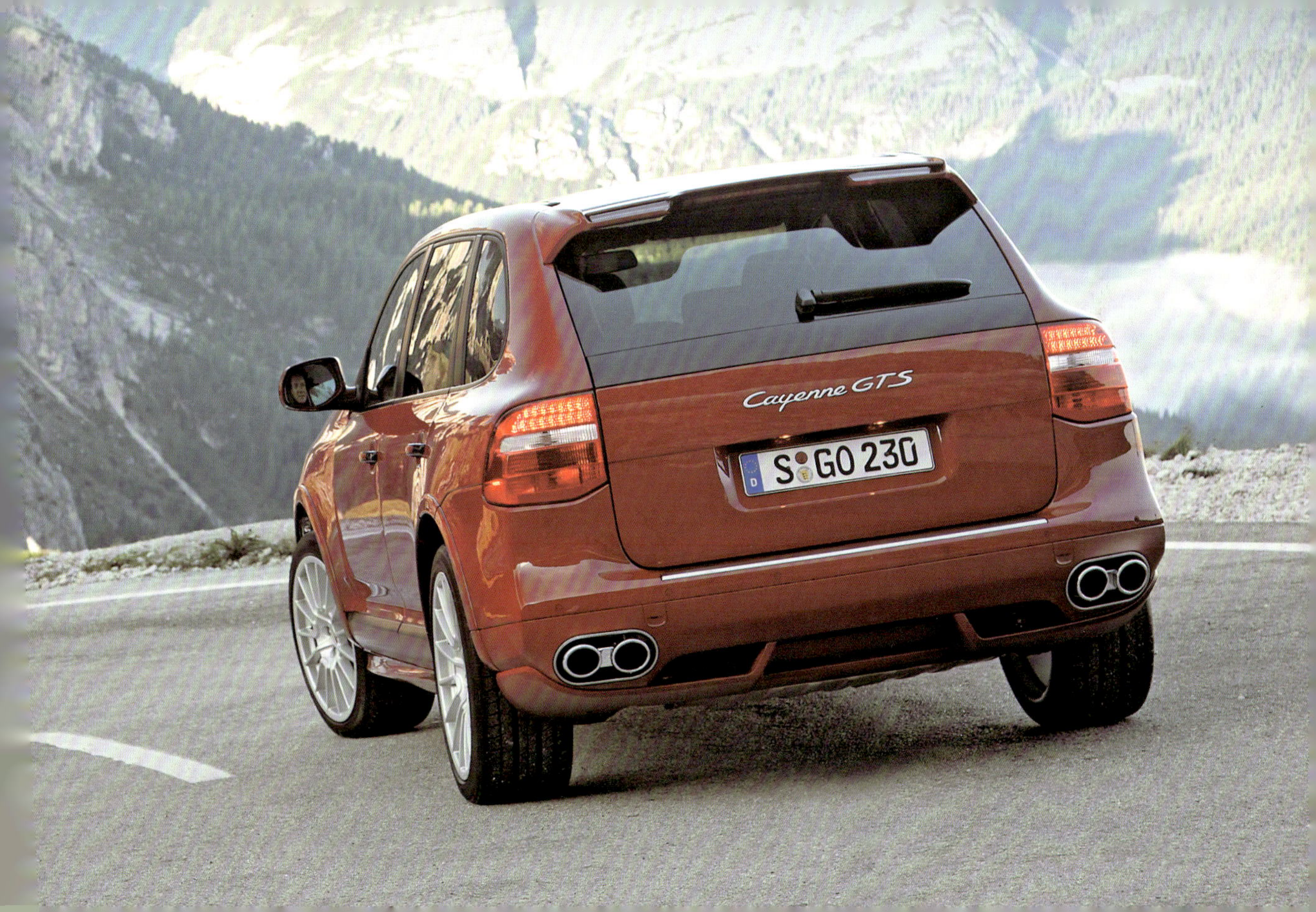
Cayenne GTS
S GO 230

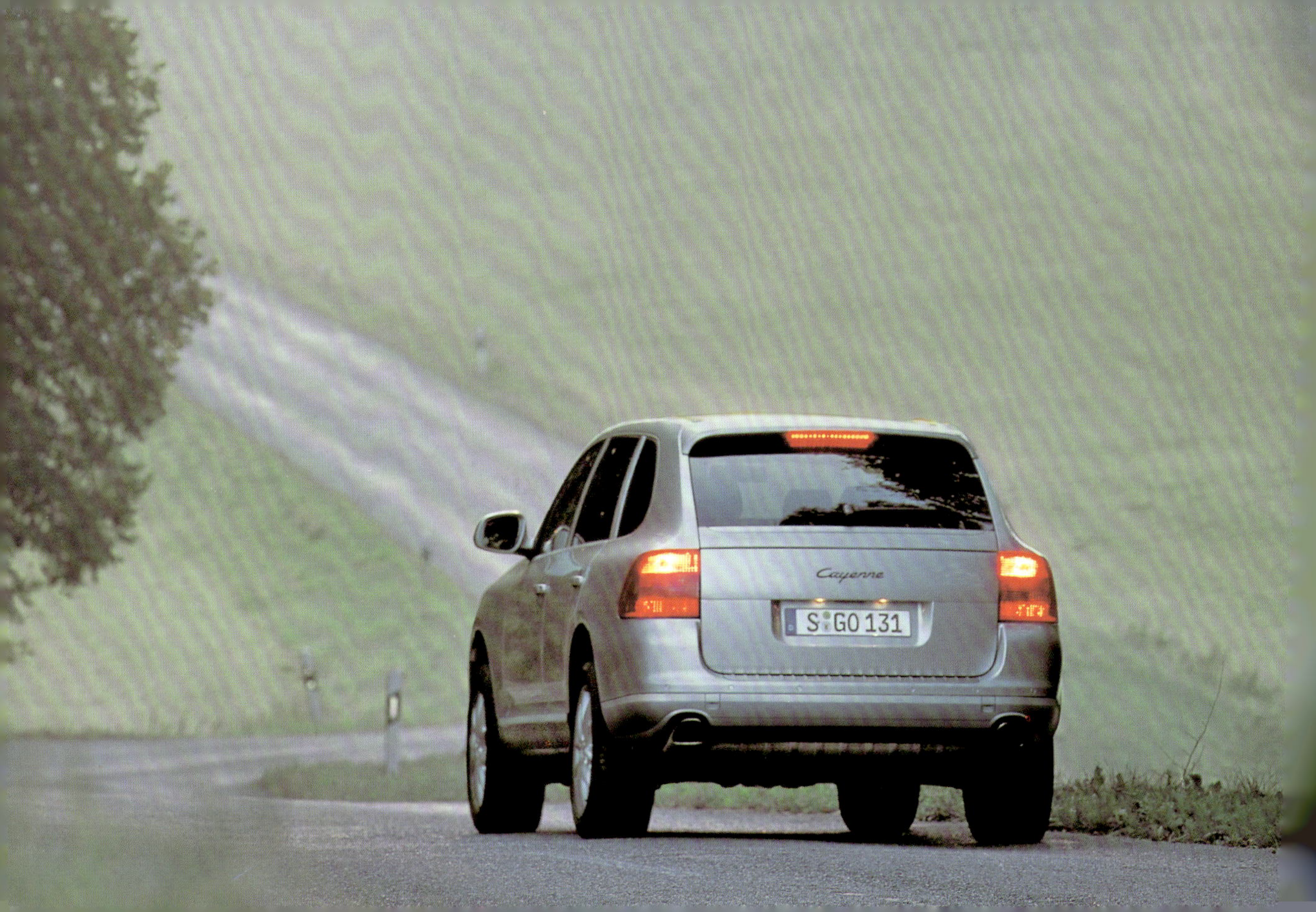
Cayenne
S GO 131

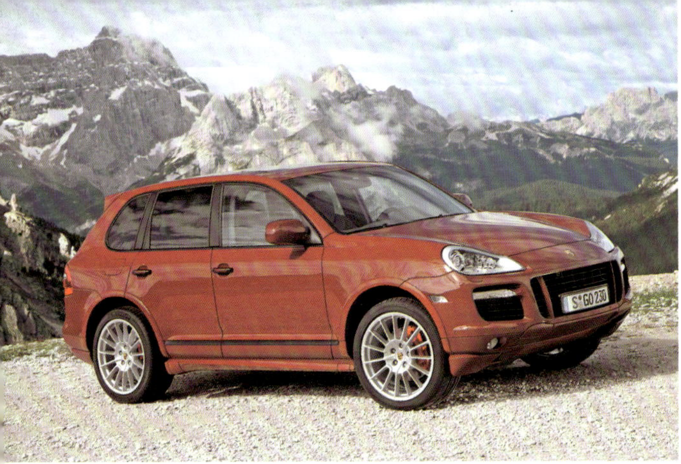
S GO 230

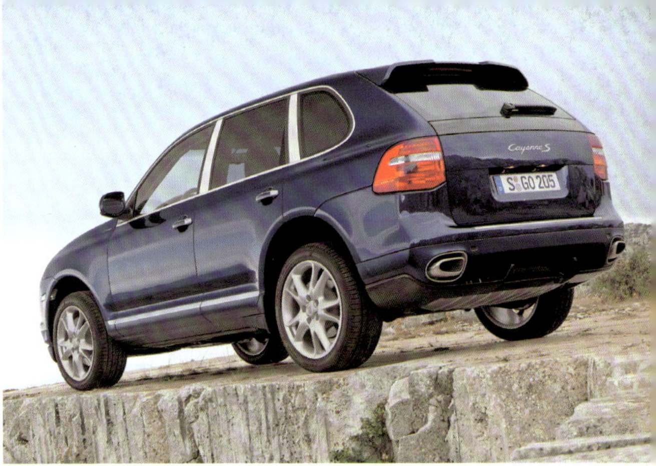
Cayenne S
S GO 205

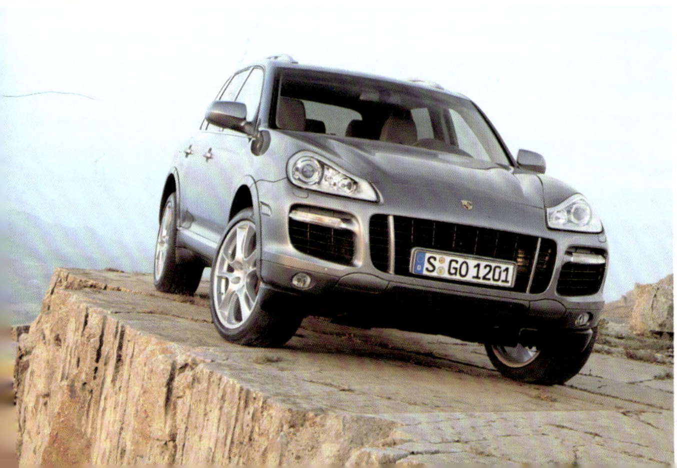
S GO 1201

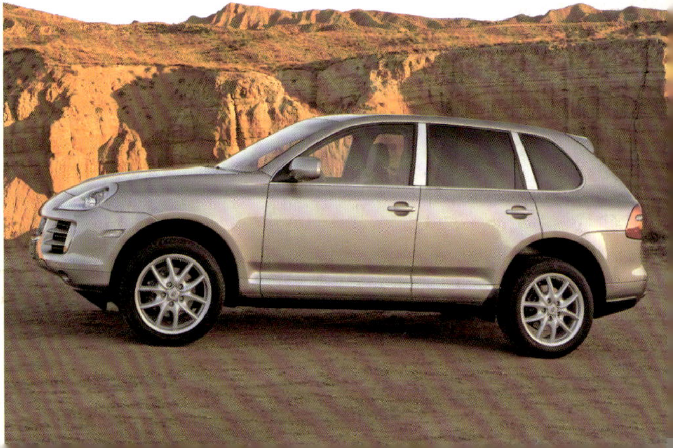

Carrera GT

La reine
The King

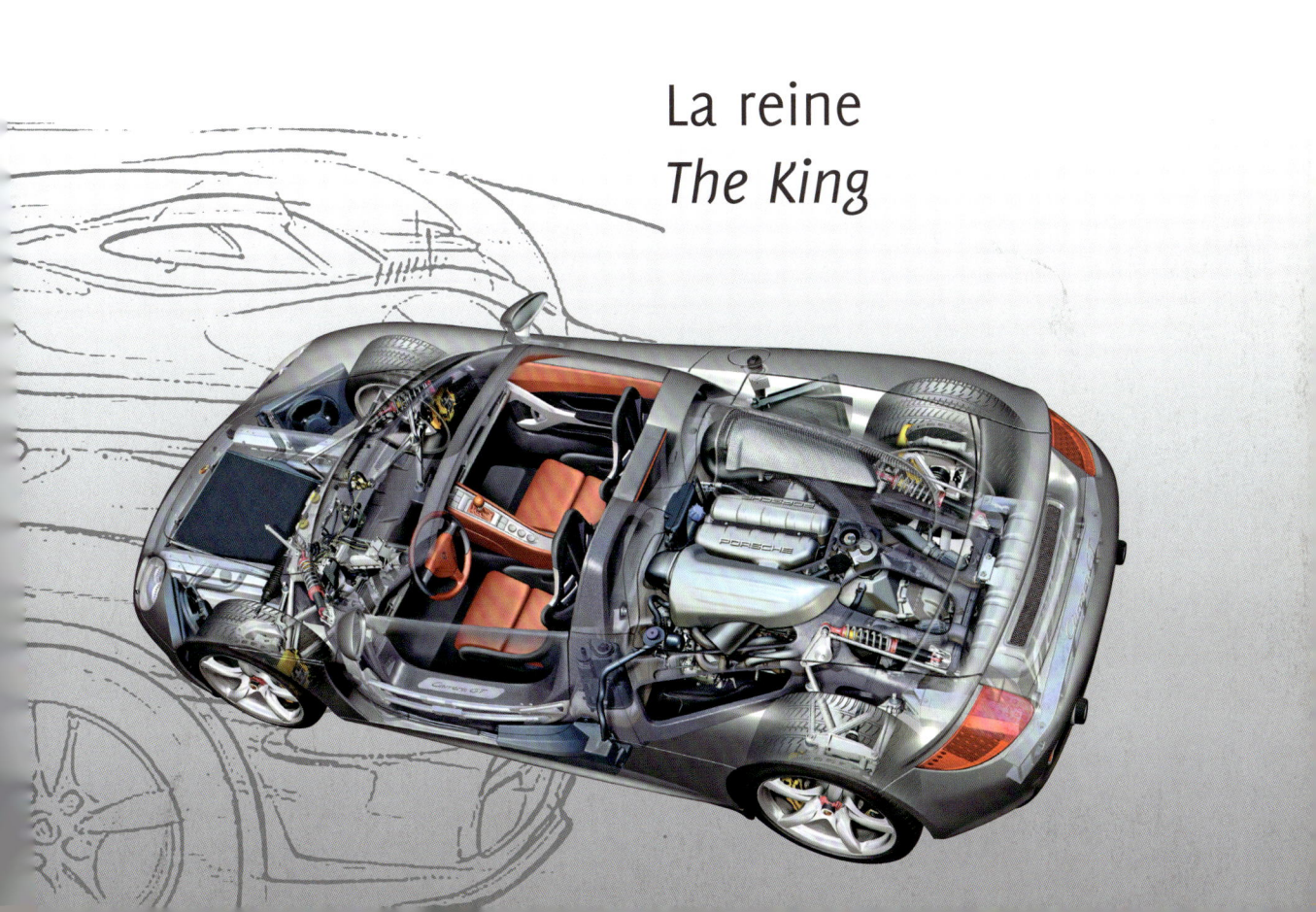

Il arrive parfois que la logique soit mise de côté dans la poursuite d'un rêve. Les lois rigides des affaires préconisent le contraire mais de temps en temps des produits fantastiques et irrationnels peuvent devenir un succès, même sur le plan économique.

La Porsche 959 des années quatre-vingt n'était pas destinée à être un cas isolé. L'idée de créer une supercar extrême à partir des projets destinés à la compétition était en fait encore à l'étude à la fin des quatre-vingt-dix ; des remises en compte perpétuelles du développement des modèles de course et une situation économique difficile avaient retardé la mise en pratique et, finalement, tout ce qui avait émergé était un prototype spectaculaire, appelé « Carrera GT » et équipé d'un moteur dix cylindres en V dérivé d'une Formule 1 conçue pour l'équipe Footwork au début des années quatre-vingt-dix.

Le succès qui l'entoura dès sa première apparition au Salon de l'automobile de Genève en l'an 2000 et la disponibilité de capital dérivant du succès de la Boxster et de la Cayenne, convainquirent Porsche de transformer ce rêve en réalité. Après quatre ans de développement la Carrera était prête à sortir de l'usine de Leipzig dans une version homologuée pour circuler sur route. Le moteur, installé en position centrale, avait été porté à 5,7 litres de cylindrée, il développait 612 chevaux et était uniquement associé à une boîte manuelle de six vitesses ; la carrosserie en composite était assemblée autour d'une mono-

Every so often logic is put to one side and a dream is pursued. Strict business laws would not advise this, but sometimes even fantastic and irrational products can become a success, even on an economic level.

The Porsche 959 of the 1980s was not destined to remain an isolated case. The idea of deriving a high-performance supercar from projects destined for racing had actually been on the Stuttgart management's drawing-board at the end of the 1990s; constant rethinks in the development of the racing models and a difficult economic situation had delayed matters. In the end the only model that emerged was a spectacular prototype called "Carrera GT", which sported a V10 engine derived from a Formula 1 unit designed for the Footwork team at the start of the 1990s.

The success that surrounded it on its first appearance at the Geneva Motor Show in 2000, and increased availability of capital deriving from the success of the Boxster and the Cayenne, persuaded Porsche to transform the dream into reality. After four year's development, the Carrera GT was ready to roll out of the Leipzig factory as a homologated road-going model. The mid-mounted engine was boosted to a cylinder displacement of 5.7 litres, produced 612 hp and was mated to a six-speed manual gearbox; the composite materials body was assembled around a totally carbon fibre monocoque; mechanical

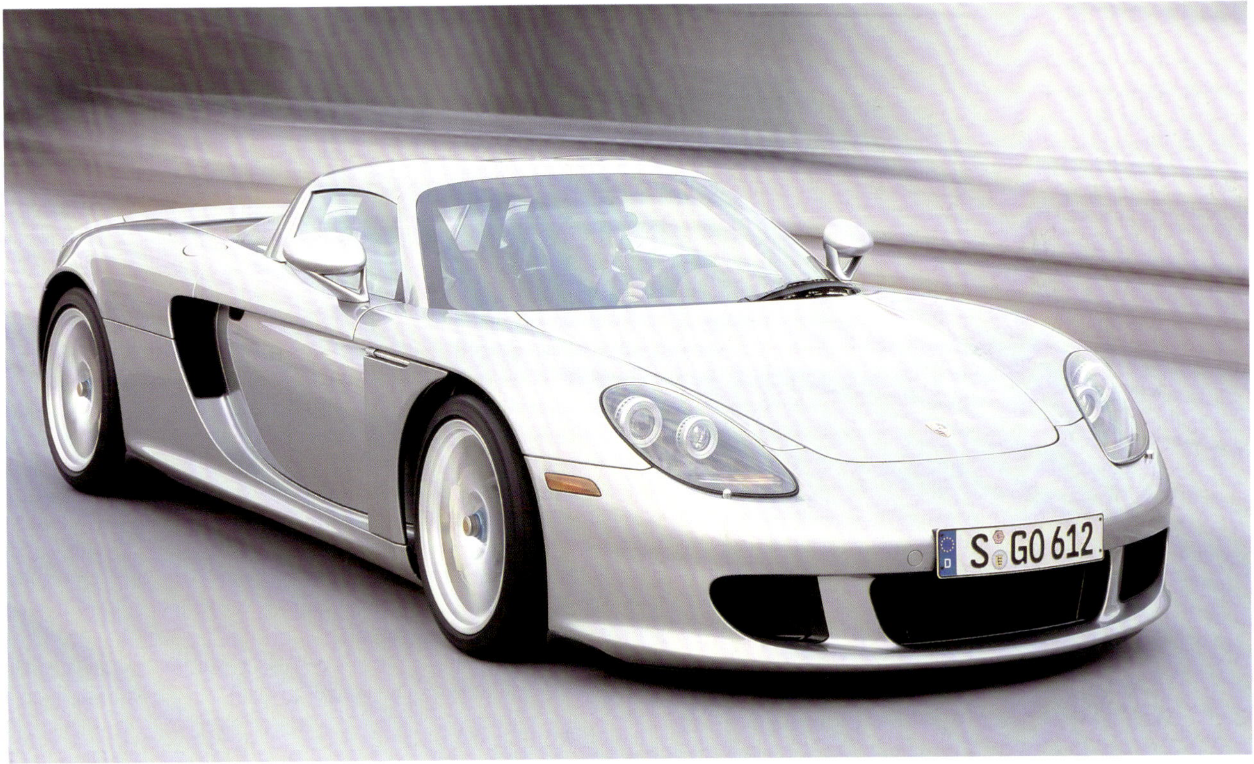
S GO 612

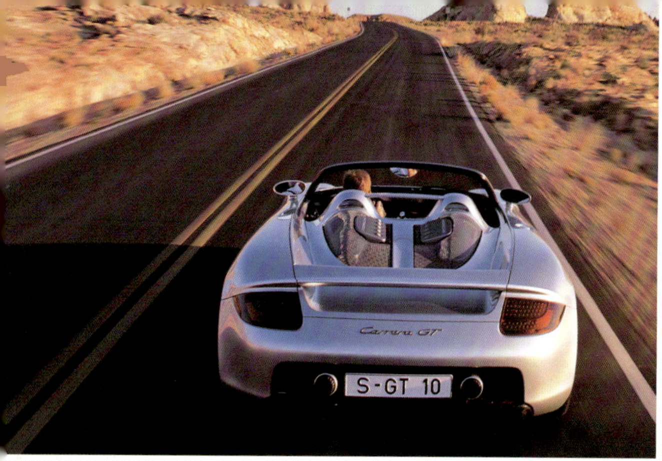
S-GT 10

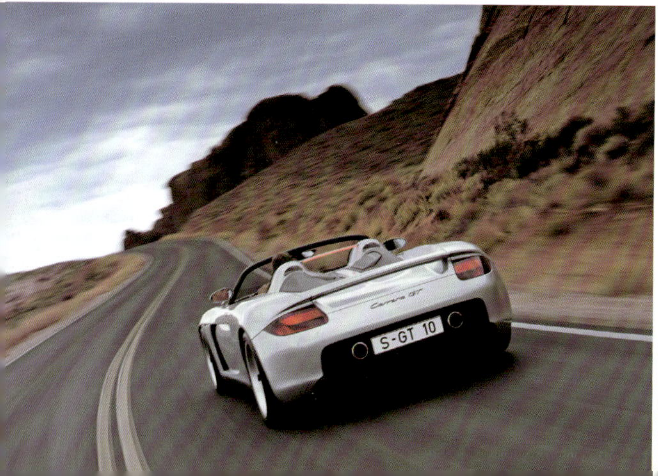
S-GT 10

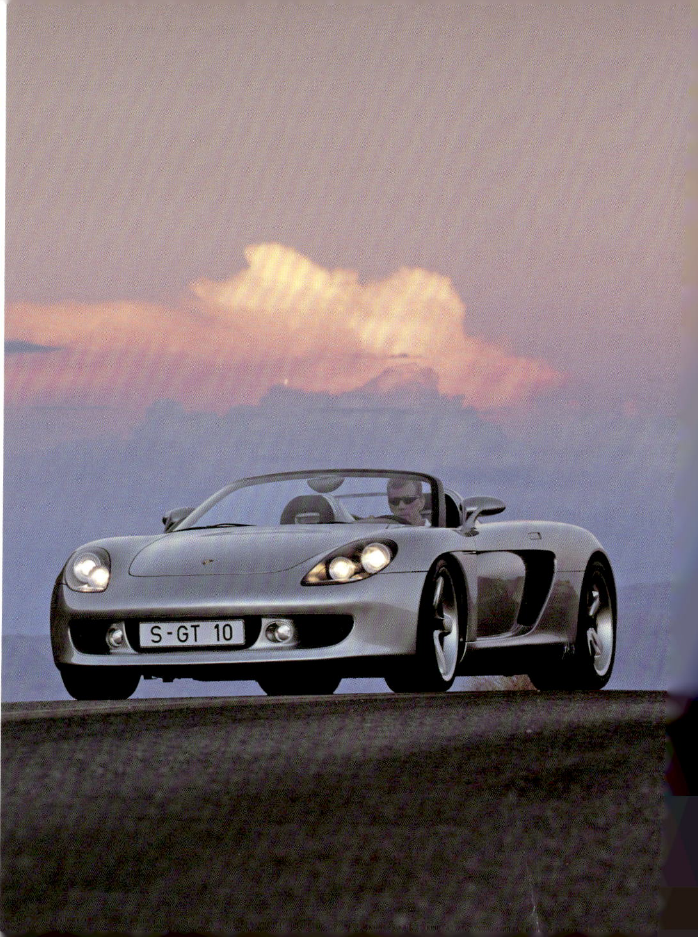
S-GT 10

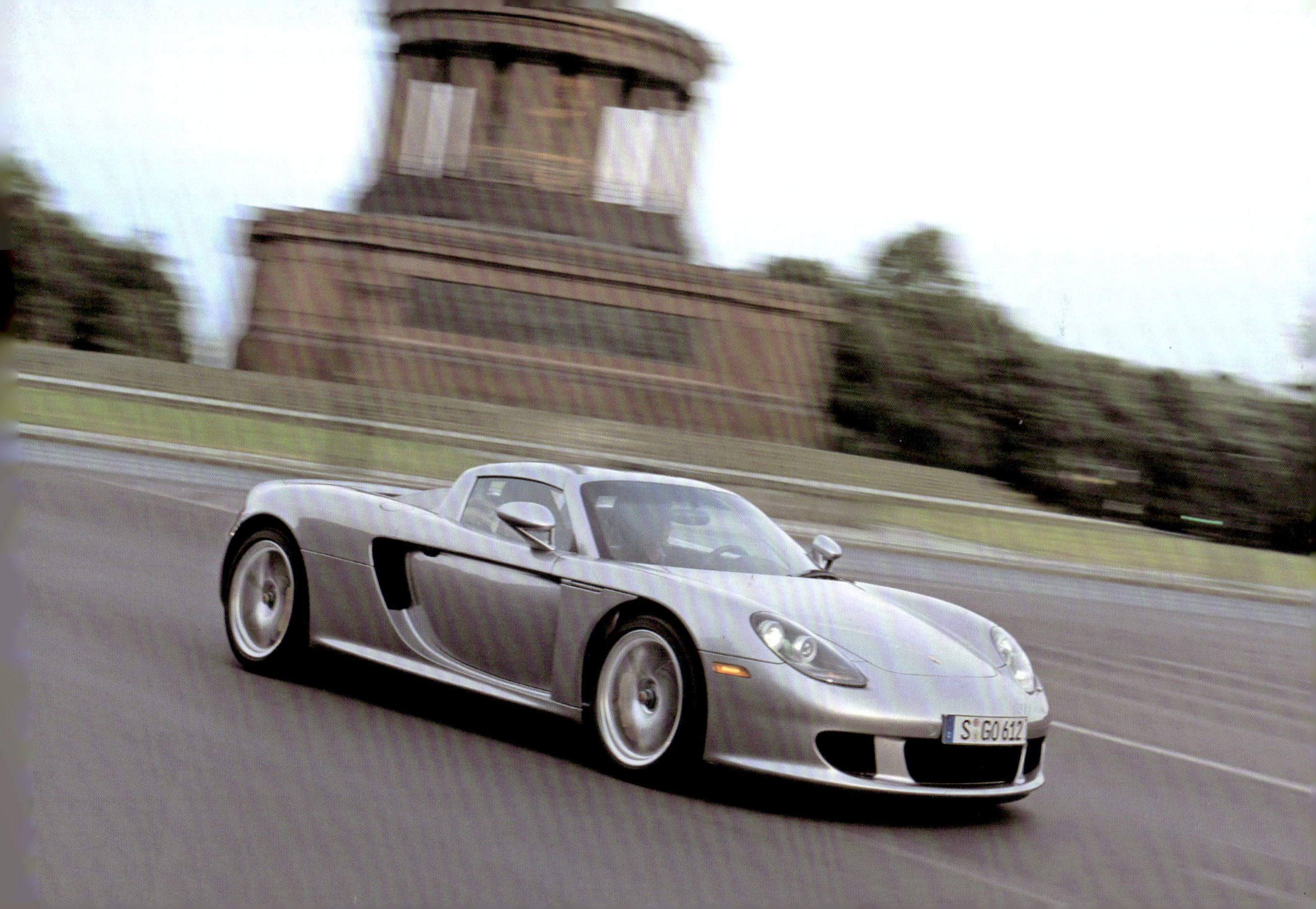
S GO 612

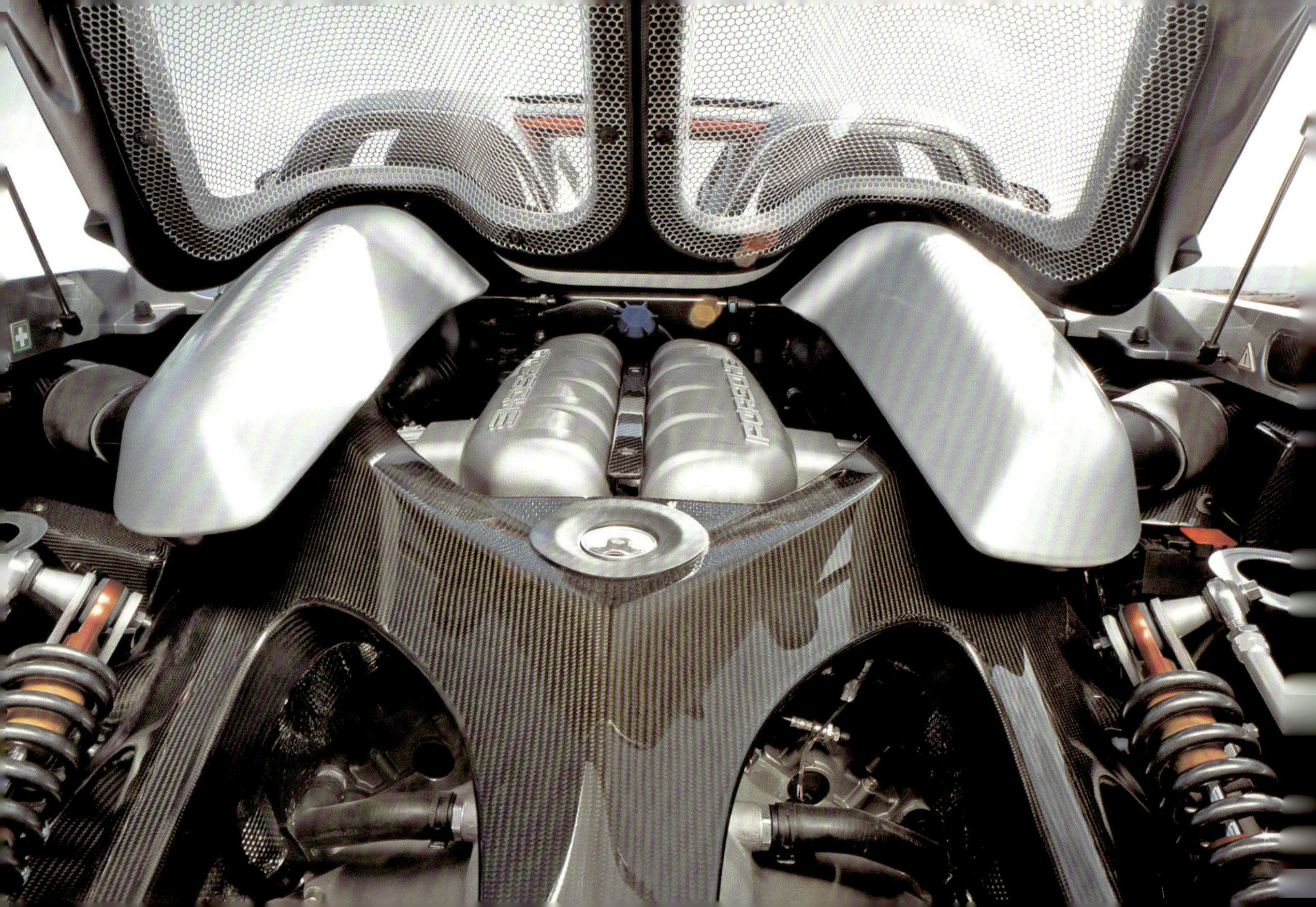
PORSCHE
PORSCHE

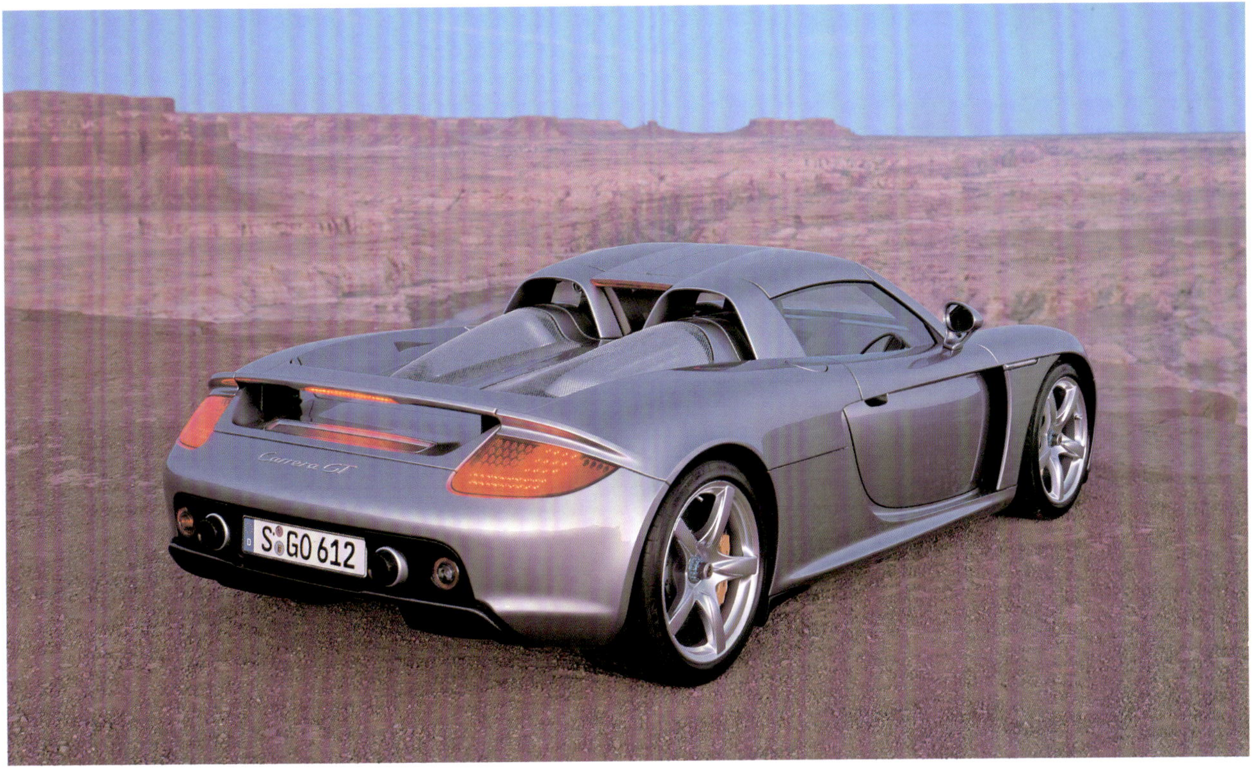
Carrera GT
S GO 612

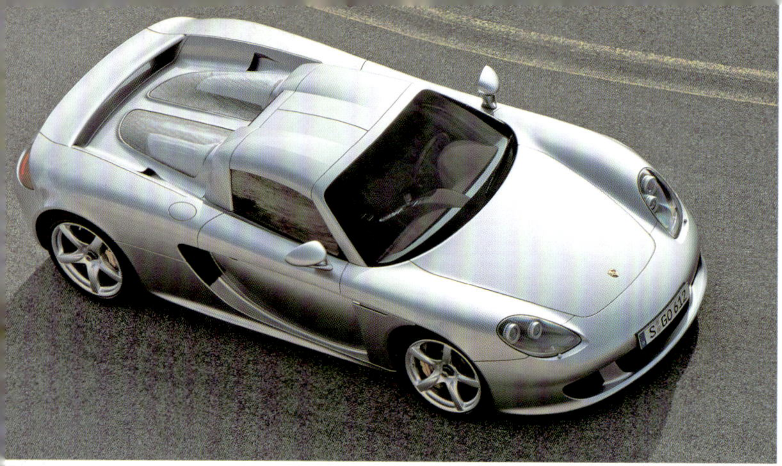

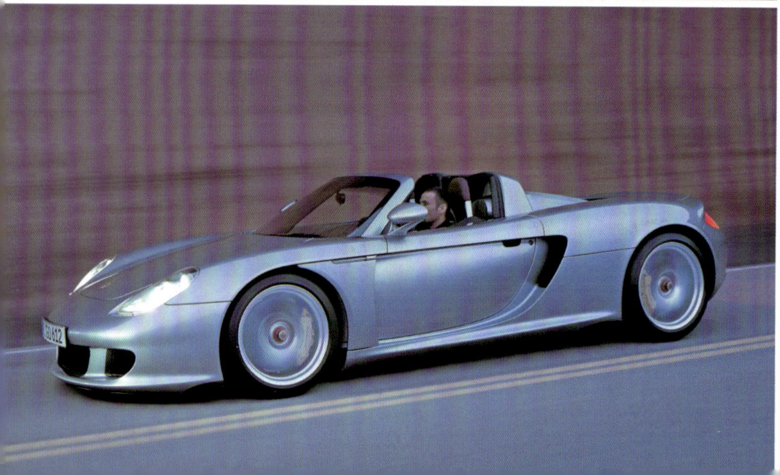

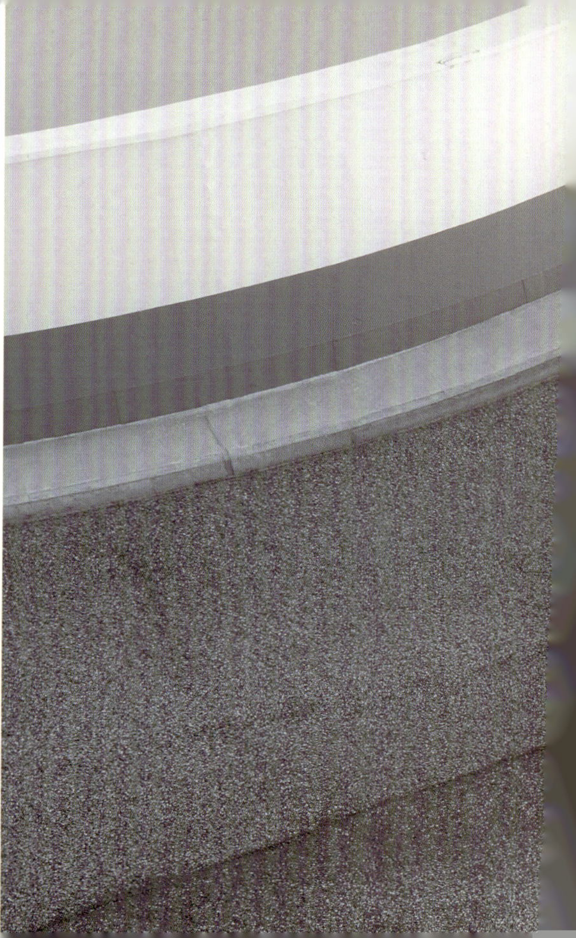

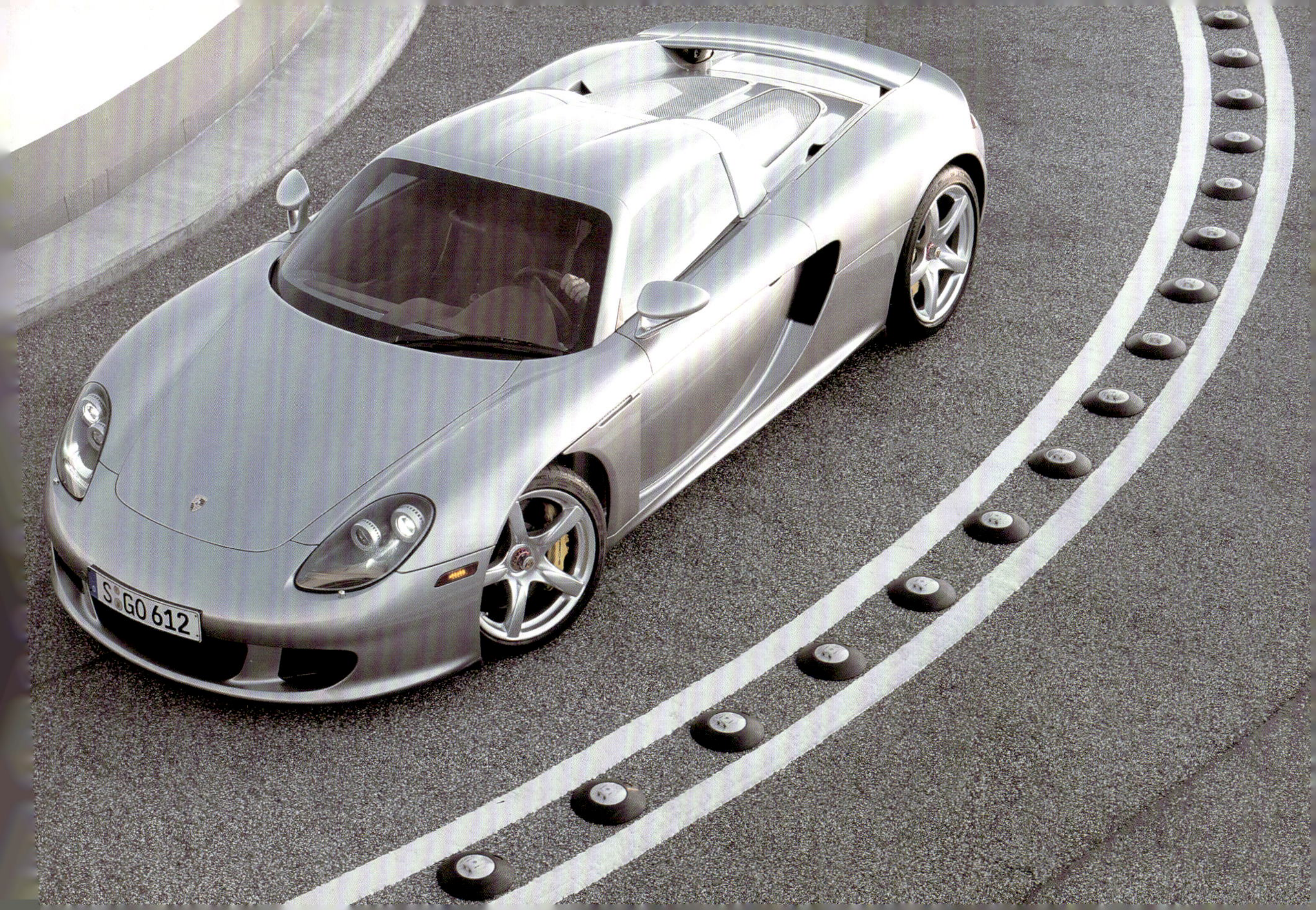
S GO 612

coque fabriquée entièrement en fibre de carbone ; à l'intérieur se cachait une mécanique avant-gardiste sur le plan technologique, du système de traction géré électroniquement aux freins à disques en céramique, en passant par les soixante-quinze brevets pour les autres solutions techniques innovantes.

Le prix de la voiture n'était pas pour tous les porte-monnaies ; il avoisinnait le demi-million d'euro. Malgré cela, ses prestations impressionnantes permirent de vendre sans problème les 1270 exemplaires construits en deux ans. La Carrera GT pouvait accélérer de 0 à 100 km/h en un peu plus de quatre secondes et sa vitesse maximale était 330 km/h : suffisamment pour être un concurrent sérieux pour tous ses rivaux et s'affirmer comme la Porsche de série la plus rapide et la plus puissante jamais construite.

components were the best technology could produce, from an electronic traction control system to ceramic brake discs, together with 75 patents for other innovative solutions.

The price of the car was not for everyone's wallets, close to half million Euros; despite this, its impressive performance meant that all 1,270 examples were easily sold out in the space of a couple of years. The Carrera GT could accelerate from 0-100 in just over four seconds and had a top speed of 330 km/h: enough to be a serious competitor for all of its rivals and to assert its position as the fastest and most powerful Porsche production car ever built.

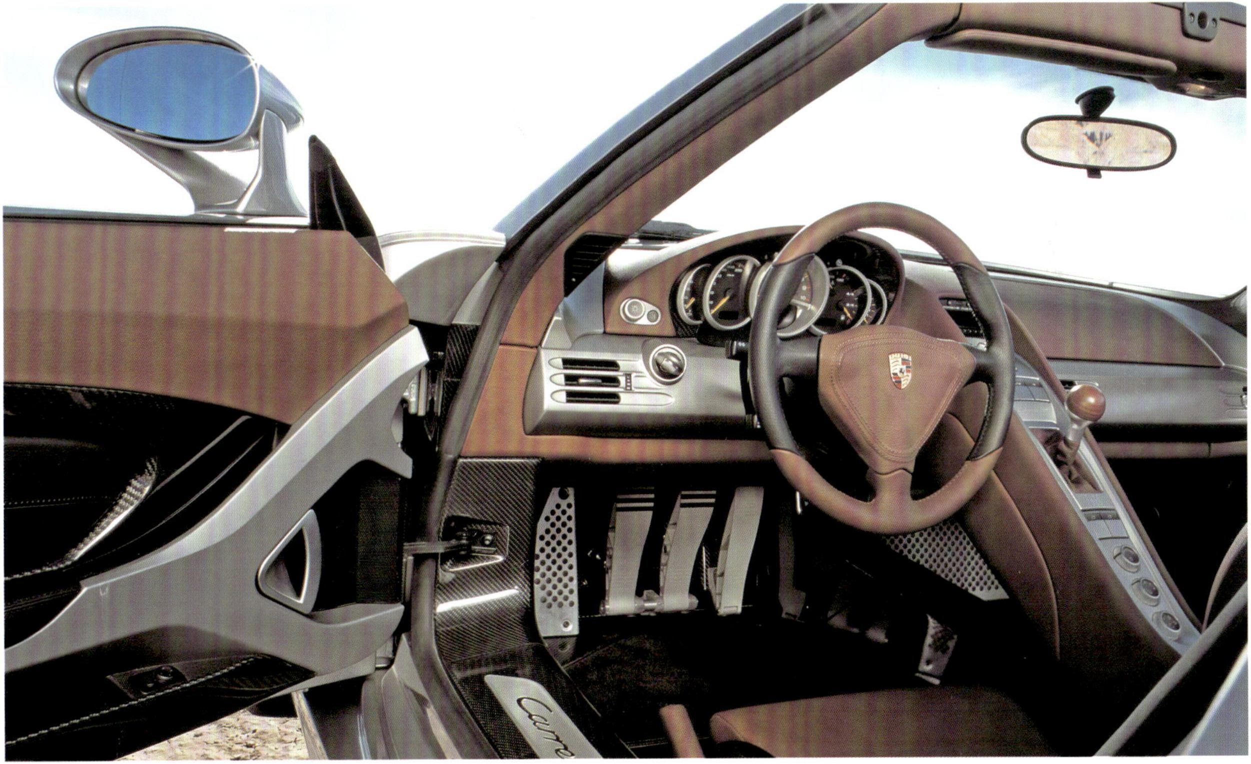

Panamera

Deux portes de plus
Two extra doors

Une sportive d'exception peut-elle être une berline de grande classe ? Dans l'histoire de l'automobile, les exemples de voitures ayant su être un mariage des deux sont bien rares. À partir du printemps 2009, la liste en comptait une de plus.

Le 19 avril, au Salon de l'automobile de Shanghai, Porsche présenta sa dernière création, confirmant toutes les vidéos et photos volées qui circulaient depuis quelques temps. Le nom choisi était Panamera, un nom évoquant la célèbre course sur route mexicaine Carrera Panamerica.

La Panamera, bien qu'étant officiellement commercialisée comme une berline, était en réalité un hatchback rapide et imposant de près de cinq mètres de long avec un large hayon et surtout cinq portes : une solution absolument inédite pour le constructeur de Stuttgart, à l'exception du SUV Cayenne. Le style rappelait la dernière version de la 911, mais le moteur était un moteur avant longitudinal puissant de huit cylindres en V de 4,8 litres, avec la possibilité de choisir entre traction arrière et ou intégrale et dans les deux cas une boîte de vitesses double embrayage PDK à 7 rapports.

La voiture était initialement disponible en trois versions : la S et la 4S (respectivement à traction arrière et intégrale) avec moteur à aspiration naturelle de 400 chevaux ou la Turbo développant 500 chevaux. Ces caractéristiques exceptionnelles leur permettaient d'atteindre plus de 280 km/h et 300 km/h.

Can a luxury sports car also be an elegant sedan? In the history of the automobile there have been very few examples of cars that have become a harmonious and successful marriage of the two. From the spring of 2009 however the list contains one more.

On April 19th at the Shanghai Automobile Show in China, Porsche presented its latest car, which confirmed all the recent spy videos and images. The name chosen was Panamera, a name that evoked the famous Carrera Panamerica open road race in Mexico.

The Panamera, despite being officially marketed as a sedan, was to all intents and purposes a five-door hatchback, almost five metres long, with a wide rear opening: this was a completely new development for the Stuttgart manufacturer, with the exception of the Cayenne SUV. The design was actually quite similar to the latest version of the 911, but the engine was a powerful front-mounted 4.8 L V8 unit, with the possibility of choosing between rear-drive or four-wheel drive, in both cases with a seven-speed PDK transmission.

There were three versions available on the car's debut: the S and the 4S (respectively rear and four-wheel-drive) with normally-aspirated 400 HP engines, and the 500 HP Turbo. These exceptional characteristics powered the cars to a top speed of over 280 km/h and over 300 km/h for the Turbo.

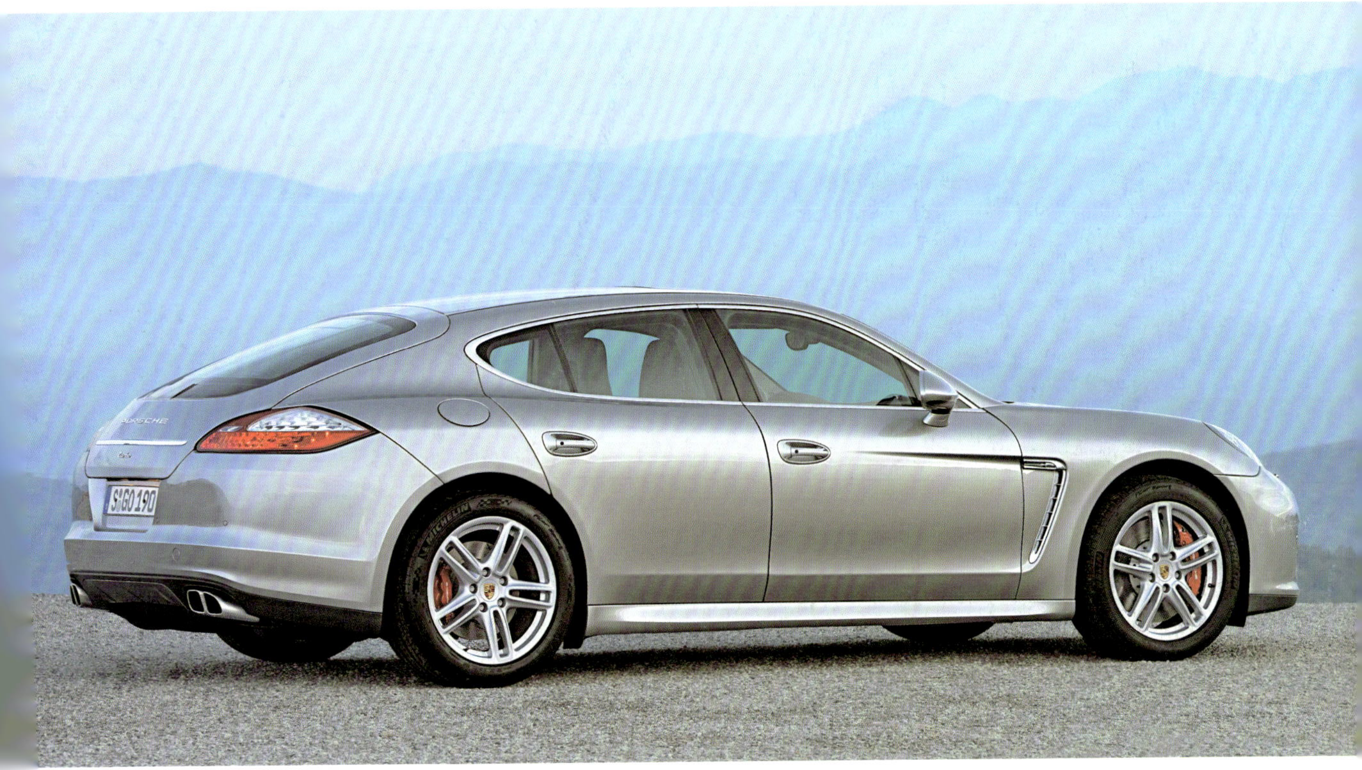
S GO 190

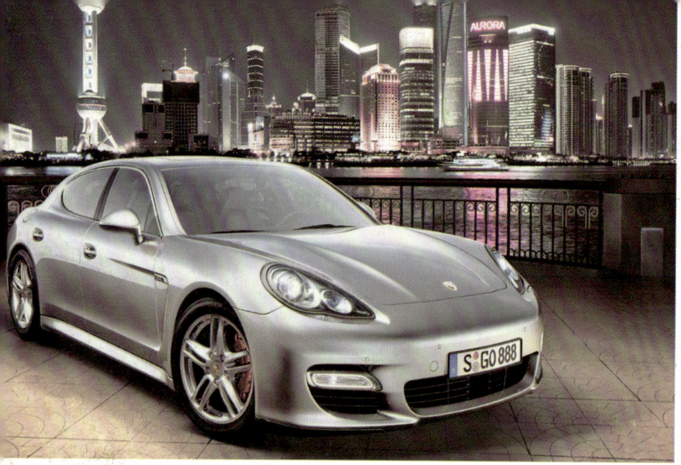
AURORA
S GO 888

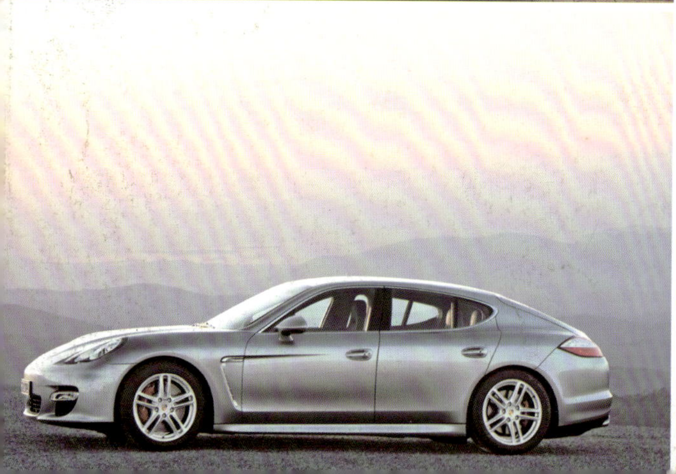

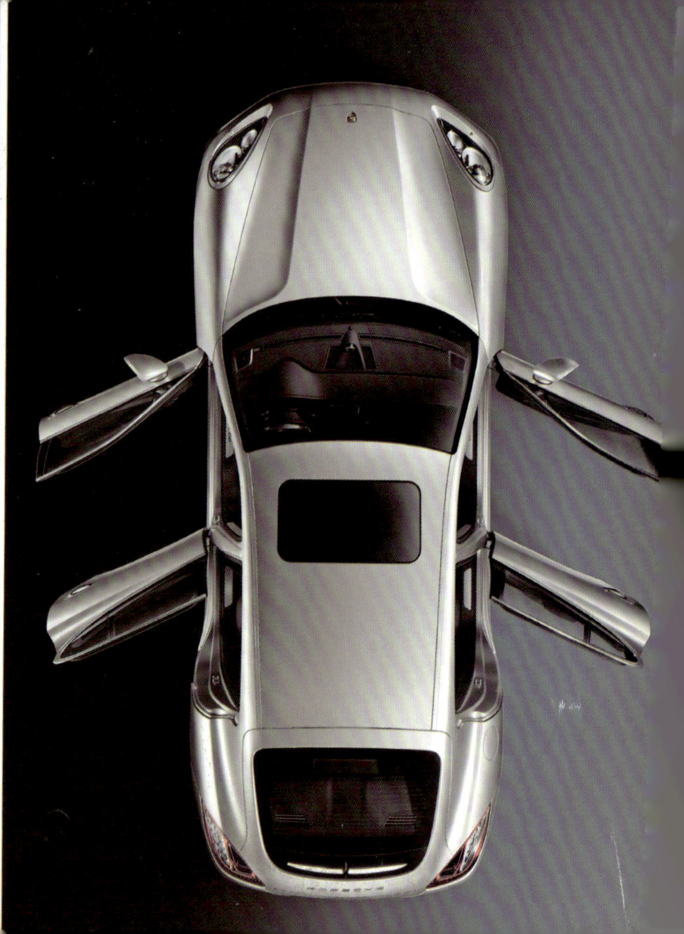

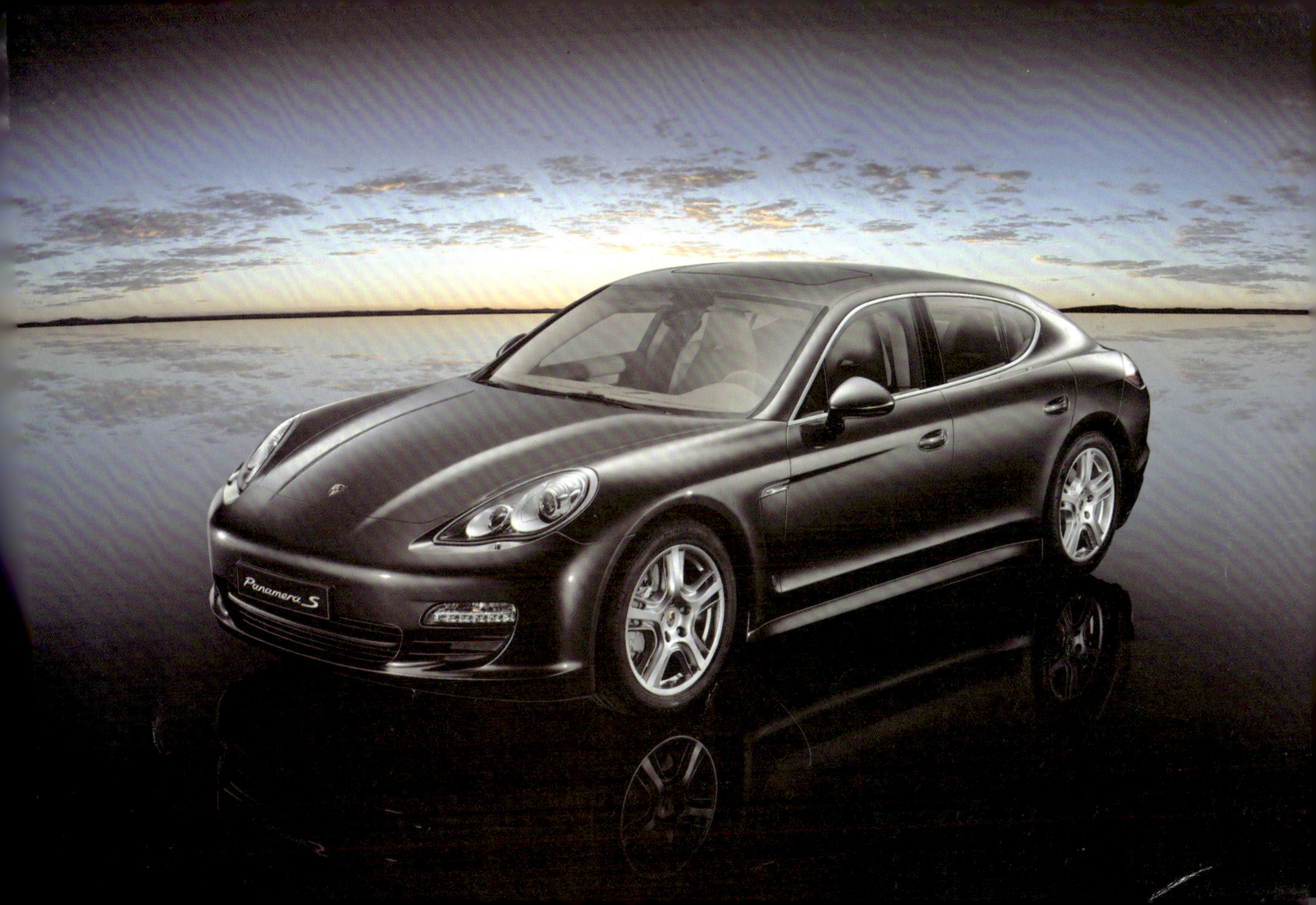
Panamera S

L'habitacle était incroyablement confortable pour quatre passagers, installés dans quatre sièges individuels dans une abondance de cuirs et de bois précieux, dans la plus pure tradition Porsche. La Panamera est fabriquée à Leipzig, les moteurs sont assemblés à Stuttgart et la coque provient de l'usine Volkswagen d'Hanovre.

The interior of the car was extraordinarily comfortable for four people, who were accommodated on four individual seats in an abundance of leather and luxury wood finish, in the best Porsche tradition.
The Panamera is built in the Leipzig factory, while the engines are assembled in Stuttgart and the car's painted body comes from the Volkswagen plant in Hannover.

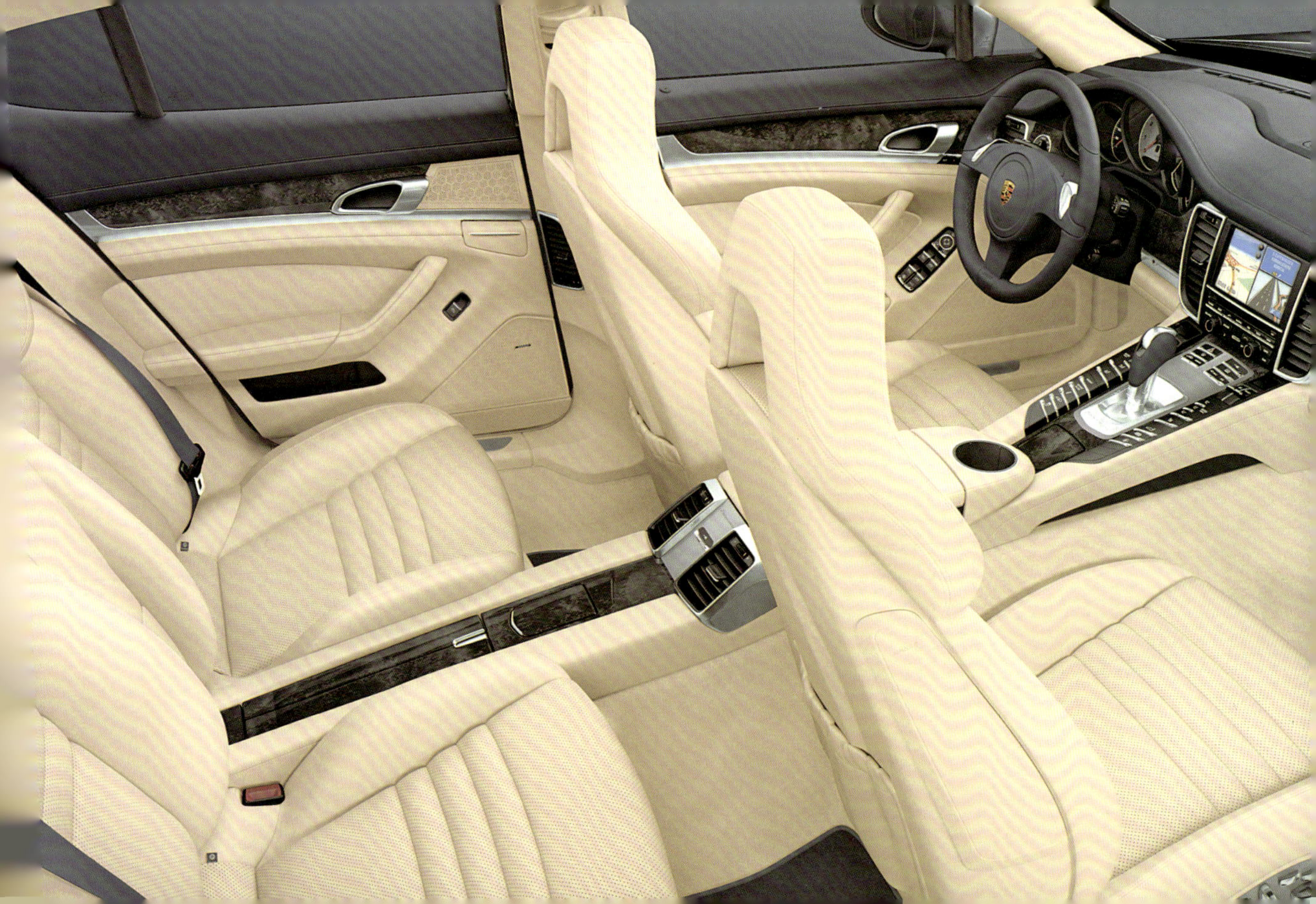

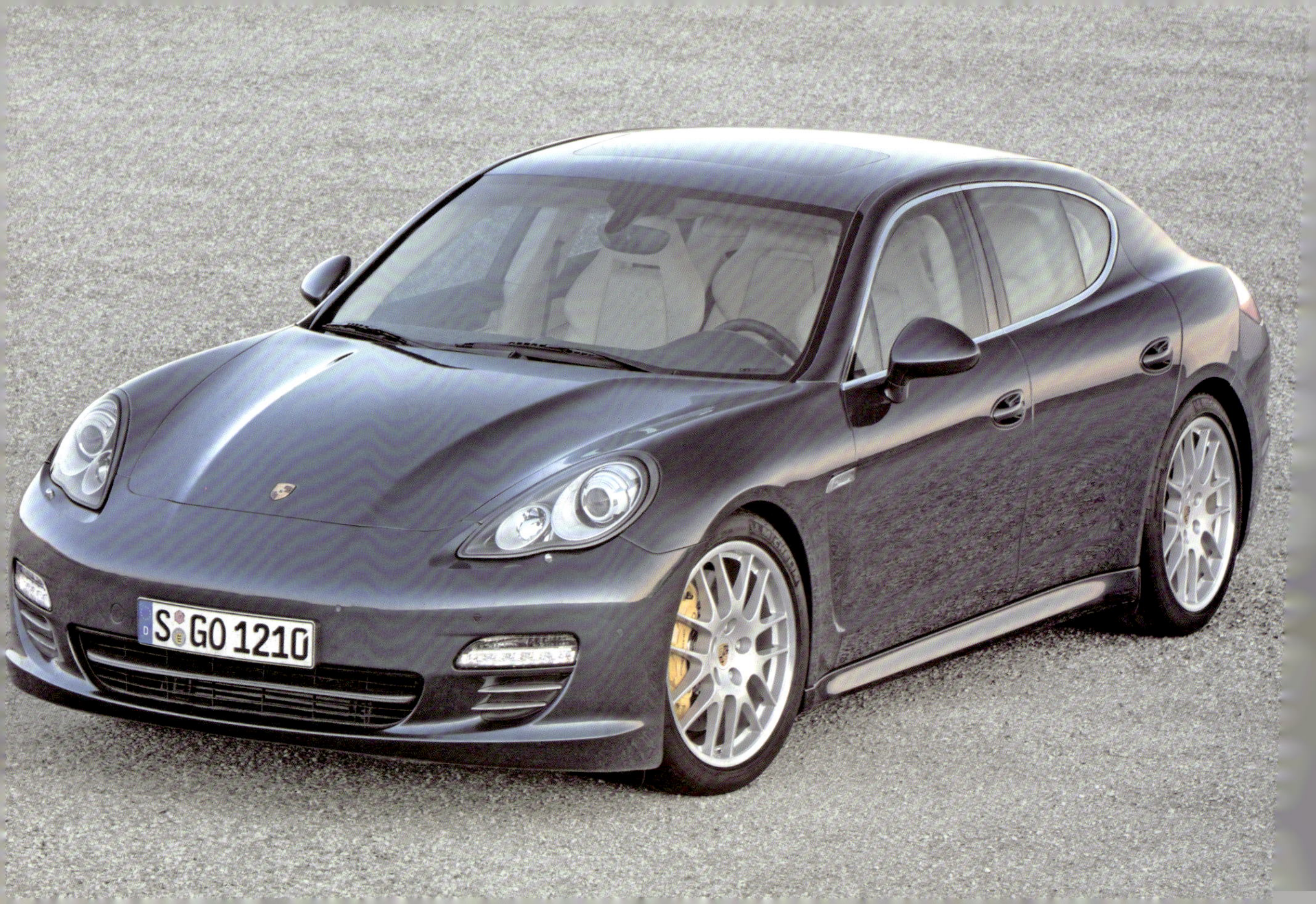
S GO 1210

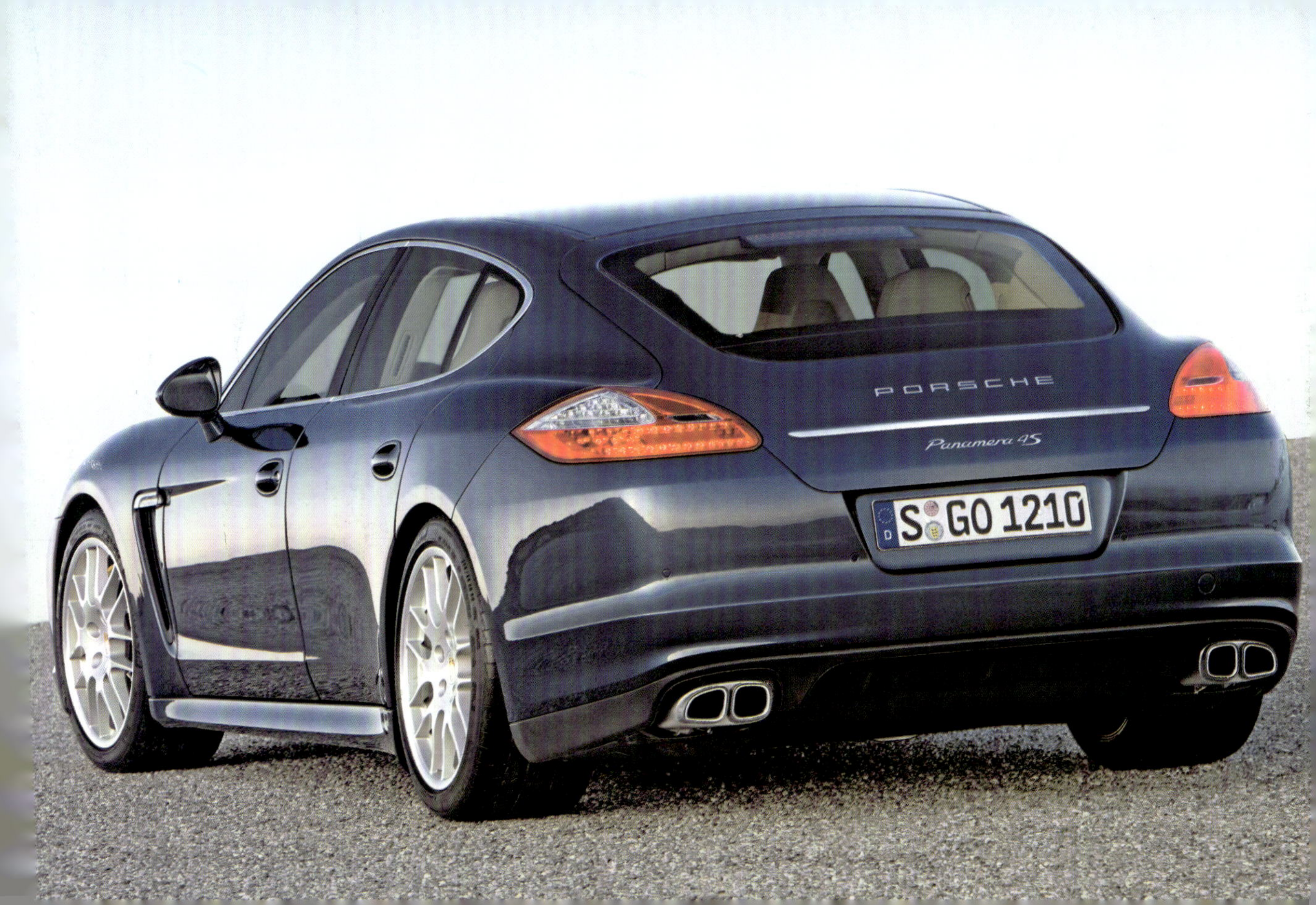
PORSCHE
Panamera 4S
S GO 1210

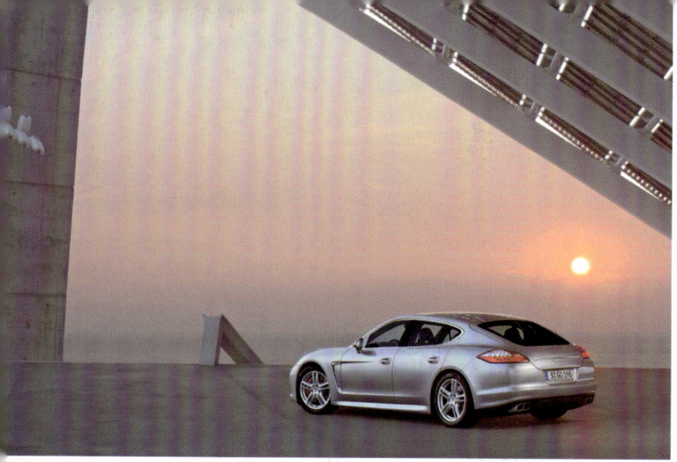

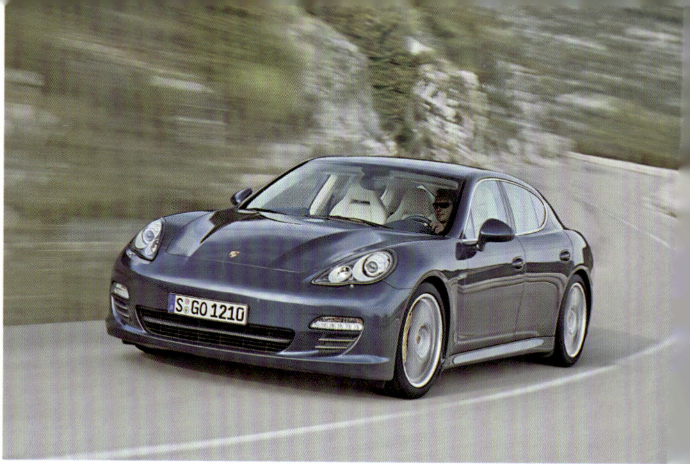
S GO 1210

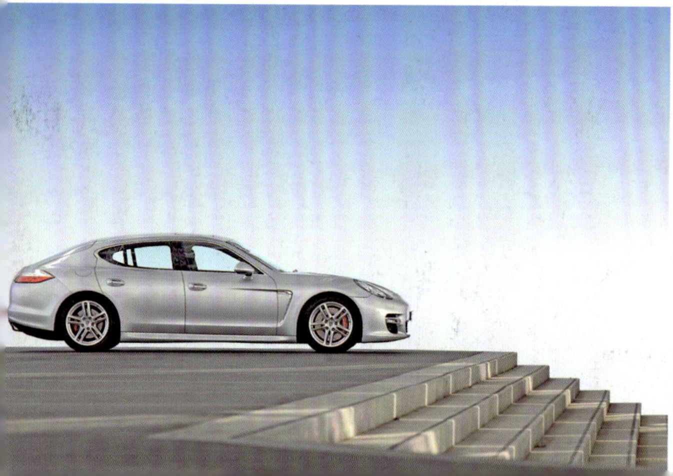

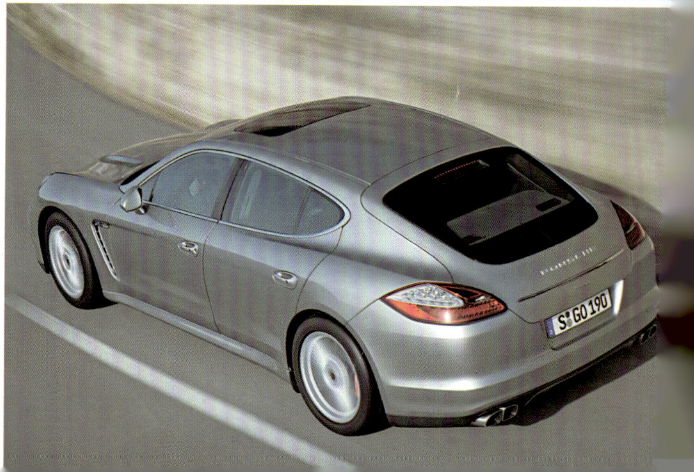
S GO 190

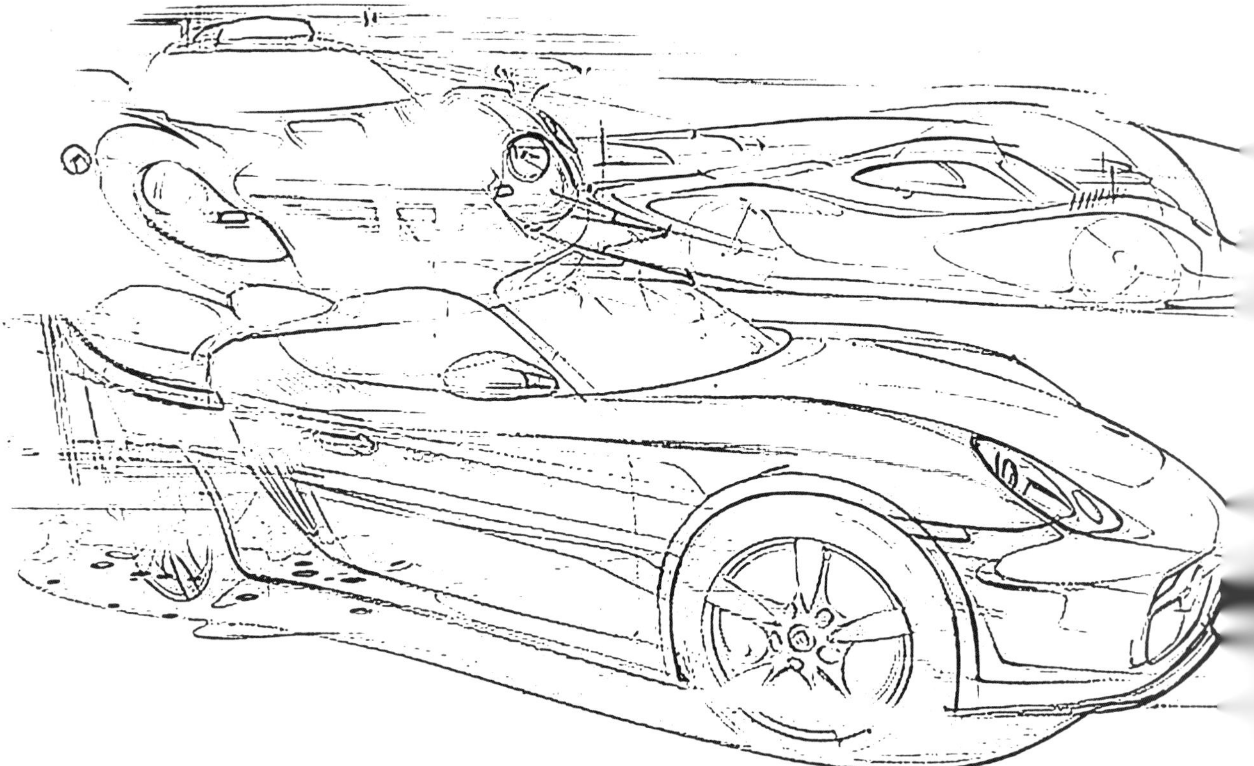

Alessandro Sannia, passionné d'automobile, est né à Turin en Italie en 1974. Il a obtenu un diplôme d'architecte après avoir acquis une certaine expérience dans le domaine du design et de la conception de moteurs, il s'occupe désormais de la stratégie de produit de Fiat Group Automobiles.

L'histoire de l'automobile l'a toujours passionné et il est membre de la Commission culturelle de l'Automotoclub Storico Italiano, de la prestigieuse Association italienne de l'histoire de l'automobile et de l'association américaine Society of Automotive Historians.

Il collabore en tant que journaliste indépendant avec plusieurs revues italiennes et étrangères spécialisées et est l'auteur d'une série d'ouvrages consacrés aux Fiat hors-série.

Alessandro Sannia was born in Turin in 1974 and his whole life revolves around the automobile. He graduated in Architecture and after gaining experience in the design and engine sectors, is now involved in product strategies in Fiat Group Automobiles.

He has always been interested in and passionate about the history of the automobile, and is member of Culture Commission of the Italian Historic Automotoclub, the prestigious Italian Association for the History of the Automobile and the American Society of Automotive Historians.

He collaborates as a freelance journalist with several Italian and international publications and is the author of numerous books, including a collection devoted to Fiat custom-made vehicles.

For Edizioni Gribaudo he has written **"Fiat 500 piccolo grande mito"**, **"Mini Minor"** and **"Maggiolino/Beetle"**.